轻松学电脑教程系列

Office 2010
电脑办公速成

何美英　主编

U0254566

东南大学出版社
·南京·

内 容 简 介

本书是《轻松学电脑教程系列》丛书之一,全书以通俗易懂的语言,辅以翔实生动的实例,全面介绍了中文版 Office 2010 电脑办公操作的相关知识。本书共分 9 章,涵盖了电脑办公基础知识、Word 制作简单文档、Word 图文版式设计、Excel 制作电子表格、Excel 表格数据分析、PowerPoint 制作幻灯片、PowerPoint 版式设计、网络化电脑办公、Office 办公综合应用等内容。

本书内容丰富,图文并茂,附赠的光盘中包含书中实例素材文件、15 小时与图书内容同步的视频教学录像以及多套与本书内容相关的多媒体教学视频,方便读者扩展学习。此外,我们通过便捷的教材专用通道为老师量身定制实用的教学课件,并且可以根据您的教学需要制作相应的习题库辅助教学。

本书具有很强的实用性和可操作性,是一本适合于高等院校及各类社会培训学校的优秀教材,也是广大初中级计算机用户和不同年龄阶段计算机爱好者学习计算机知识的首选参考书。

图书在版编目(CIP)数据

Office 2010 电脑办公速成/何美英主编. —南京:东南大学出版社,2017.7

ISBN 978-7-5641-7174-2

Ⅰ. ①O… Ⅱ. ①何… Ⅲ. ①办公自动化—应用软件—基本知识 Ⅳ. ①TP317.1

中国版本图书馆 CIP 数据核字(2017)第 116182 号

出版发行:东南大学出版社

社　　　址:南京市四牌楼 2 号　　邮编:210096

出 版 人:江建中

网　　　址:http://www. seupress. com

电子邮箱:press@seupress. com

经　　　销:全国各地新华书店

印　　　刷:江苏徐州新华印刷厂

开　　　本:787 mm×1092 mm　1/16

印　　　张:17

字　　　数:420 千字

版　　　次:2017 年 7 月第 1 版

印　　　次:2017 年 7 月第 1 次印刷

书　　　号:ISBN 978-7-5641-7174-2

定　　　价:39.00 元

本社图书若有印装质量问题,请直接与营销部联系。电话(传真):025-83791830

丛书序

熟练使用电脑已经成为当今社会不同年龄层次的人群必须掌握的一门技能。为了使读者在短时间内轻松掌握电脑各方面应用的基本知识，并快速解决生活和工作中遇到的各种问题，东南大学出版社组织了一批教学精英和业内专家特别为计算机学习用户量身定制了这套《轻松学电脑教程系列》丛书。

丛书、光盘和教案定制特色

▶ 选题新颖，结构合理，为计算机教学量身打造

本套丛书注重理论知识与实践操作的紧密结合，同时贯彻"理论＋实例＋实战"3 阶段教学模式，在内容选择、结构安排上更加符合读者的认知习惯，从而达到老师易教、学生易学的目的。丛书完全以高等院校、职业学校及各类社会培训学校的教学需要为出发点，紧密结合学科的教学特点，由浅入深地安排章节内容，循序渐进地完成各种复杂知识的讲解。

▶ 版式紧凑，内容精炼，案例技巧精彩实用

本套丛书在有限的篇幅内为读者奉献更多的电脑知识和实战案例。丛书内容丰富，信息量大，章节结构完全按照教学大纲的要求来安排。书中的案例通过添加大量的"知识点滴"和"实用技巧"的注释方式突出重要知识点，使读者轻松领悟每一个案例的精髓所在。

▶ 书盘结合，素材丰富，全方位扩展知识能力

本套丛书附赠多媒体教学光盘包含了 15 小时左右与图书内容同步的视频教学录像，光盘采用真实详细的操作演示方式，紧密结合书中的内容对各个知识点进行深入的讲解。附赠光盘收录书中实例视频、素材文件以及 3～5 套与本书内容相关的多媒体教学视频。

▶ 在线服务，贴心周到，方便老师定制教案

本套丛书精心创建的技术交流 QQ 群（101617400、2463548）为读者提供 24 小时便捷的在线交流服务和免费教学资源。便捷的教材专用通道（QQ：22800898）为老师量身定制实用的教学课件。此外，我们可以根据您的教学需要制作相应的习题题库辅助教学。

读者定位和售后服务

本套丛书为所有从事电脑教学的老师和自学人员而编写，是一套适合于高等院校及各类社会培训学校的优秀教材，也可作为电脑初中级用户和电脑爱好者学习电脑的首选参考书。

如果您在阅读图书或使用电脑的过程中有疑惑或需要帮助，可以通过我们的邮箱（E-mail：easystudyservice@126.net）联系。最后感谢您对本丛书的支持和信任，我们将再接再厉，继续为读者奉献更多更好的优秀图书，并祝愿您早日成为电脑应用高手！

《轻松学电脑教程系列》丛书编委会

2017 年 7 月

《Office 2010 电脑办公速成》是《轻松学电脑教程系列》丛书中的一本。该书从读者的学习兴趣和实际需求出发,合理安排知识结构,由浅入深、循序渐进,通过图文并茂的方式讲解运用 Office 2010 进行电脑办公的各种方法及技巧。全书共分为 9 章,主要内容如下。

第 1 章:介绍了电脑办公基础知识,包括 Windows 7 操作系统设置、Office 2010 基本操作等内容。

第 2 章:介绍了在 Word 2010 中制作简单文档的方法及技巧。

第 3 章:介绍了在 Word 2010 中进行图文版式设计的方法及技巧。

第 4 章:介绍了在 Excel 2010 中制作电子表格的基本操作方法及技巧。

第 5 章:介绍了在 Excel 2010 中进行表格数据分析的方法及操作技巧。

第 6 章:介绍了在 PowerPoint 2010 中制作幻灯片的基本操作方法及技巧。

第 7 章:介绍了在 PowerPoint 2010 中版式设计的操作方法及技巧。

第 8 章:介绍了网络化电脑办公的操作方法及技巧。

第 9 章:介绍了在 Office 2010 中各组件办公综合应用的案例分析。

本书附赠一张精心开发的 DVD 多媒体教学光盘,其中包含了 15 小时与图书内容同步的视频教学录像。光盘采用情景式教学和真实详细的操作演示等方式,紧密结合书中的内容对各个知识点进行深入的讲解,让读者在阅读本书的同时,享受到全新的交互式多媒体教学。

此外,本光盘附赠大量学习资料,其中包括多套与本书内容相关的多媒体教学演示视频,方便读者扩展学习。光盘附赠的云视频教学平台能够让读者轻松访问上百 GB 容量的免费教学视频学习资源库。

本书由何美英主编,参加本书编写的人员还有王毅、孙志刚、李珍珍、胡元元、金丽萍、张魁、谢李君、沙晓芳、管兆昶等人。由于作者水平有限,本书难免有不足之处,欢迎广大读者批评指正。

编　者

2017 年 7 月

目录

轻松学电脑教程系列

第1章

电脑办公基础知识

　　电脑在办公领域起着越来越重要的作用。**Office 2010** 是 **Microsoft** 公司推出的办公软件，由许多实用组件程序所组成。本章主要介绍 **Office 2010** 在电脑办公应用方面的基础知识。

　　对应的光盘视频

1.1 电脑办公概述

随着电脑的普及,目前几乎在所有公司中都能看到电脑的身影,电脑在办公领域里起着举足轻重的作用,尤其是一些金融投资、动画制作、广告设计和机械设计等公司,更是离不开电脑的协助。

1.1.1 电脑办公的设备

电脑办公设备主要包括电脑和其他的电子办公设备。

1. 电脑

电脑可以分为台式机、笔记本电脑和平板电脑(Tablet PC)3 种。台式机是目前最为普遍的电脑类型,它拥有独立的机箱、键盘以及显示器,并拥有良好的散热性与扩展性。笔记本电脑是一种便携式的电脑,它将显示器、主机、键盘等必需设备集成在一起,方便用户随身携带。平板电脑是一种小型、方便携带的个人电脑,一般以触摸屏作为基本的输入设备。

2. 电子办公设备

要实现电脑办公不仅需要办公人员和电脑,还需要其他的电子办公设备。例如:打印文件时需要打印机;将图纸上的图形和文字保存到电脑中时需要扫描仪;复印图纸文件需要复印机。下面将介绍一些常用的办公设备。

▽ 打印机:通过打印机可以将在电脑中制作的工作文档打印出来。在现代办公和生活中,打印机已经成为最常用的输出设备之一,如图 1-1 所示。

▽ 扫描仪:通过扫描仪,用户可以将办公中所有的重要文字资料或相片输入到电脑当中保存或者经过电脑处理后刻录到光盘中永久保存,如图 1-2 所示。

图 1-1　打印机　　　　　　　图 1-2　扫描仪

▽ 传真机:通过传真机,用户可以将照片等文档直接复制到原地的另一用户手中,从而实现资源共享,如图 1-3 所示。

▽ 移动存储设备:通过移动存储设备,可以在不同电脑间进行数据交换,如图 1-4 所示。

图 1-3　传真机　　　　　　　图 1-4　移动存储设备

1.1.2 办公电脑的构成

办公电脑由硬件与软件构成,下面将分别介绍电脑硬件和软件的组成部分。

1. 电脑硬件的组成

在大部分公司中,用于日常办公的电脑多为台式电脑,从外观上看,由显示器、主机、键盘、鼠标等几个部分组成,其功能如下。

▽ 显示器:显示器是电脑的 I/O 设备,即输入输出设备,可以分为 CRT、LCD 等多种(目前市场上常见的显示器多为 LCD 显示器,即液晶显示器),如图 1-5 所示。

▽ 主机:主机指的是电脑除去输入输出设备以外的主要机体部分。它是用于放置主板以及其他电脑主要部件的控制箱体,如图 1-6 所示。

图 1-5 显示器

图 1-6 主机

▽ 键盘:键盘是电脑用于操作设备运行的一种指令和数据输入装置,是电脑最重要的输入设备之一,如图 1-7 所示。

▽ 鼠标:鼠标是电脑用于显示操作系统纵横坐标定位的指示器,因其外观形似老鼠而得名,如图 1-8 所示。

图 1-7 键盘

图 1-8 鼠标

2. 电脑软件的组成

电脑软件指的是运行在电脑硬件上的一些程序,负责指挥电脑进行各种操作,以完成用户指定的任务。软件可分为两种,一种是系统软件;另一种是应用软件。

▽ 系统软件:系统软件是指为了方便用户操作、管理和维护电脑系统而设计的一种软件,主要包括操作系统、语言处理程序和服务性程序等。现在主流操作系统是微软公司出品的 Windows 7 操作系统。

▽ 应用软件:系统软件之外的所有软件都可以称为应用软件。正是因为有了各种各样的

应用软件，才使电脑可以在各行各业大显身手，从而推动了电脑的普及和发展。应用软件按其功能大致可分为工具软件、办公软件、游戏娱乐软件和通信软件等。电脑办公软件主要有 Office 办公系列、Adobe 制图系列等。

1.1.3　电脑办公基本操作

鼠标和键盘作为电脑最基本的输入和控制设备，方便了用户操作电脑。使用电脑办公，需要灵活掌握鼠标和键盘的操作。

1. 鼠标的操作

最为常用的鼠标为带滚轮的三键光电鼠标。它共分为左右两键和中间的滚轮（也称为中键）。

使用鼠标之前应掌握正确握住鼠标的姿势：用手掌心轻压鼠标，拇指和小指抓在鼠标的两侧，将食指和中指自然弯曲，轻贴在鼠标的左键和右键上，无名指自然落下跟小指一起压在侧面，此时拇指、食指和中指的指肚贴着鼠标，无名指和小指的内侧面接触鼠标侧面，重量落在手臂上，保持手臂不动，左右晃动手腕，即把握住了鼠标。

鼠标的基本操作主要有 5 种：单击、双击、右击、拖动和范围选取。

2. 键盘的操作

键盘是电脑最常用的输入设备。用户向电脑发出的命令、编写的程序等都要通过键盘输入到电脑中，使电脑能够按照用户发出的指令来操作。

根据键盘各键功能可以将键盘分为 5 个键位区：主键盘区、功能键区、编辑控制键区、状态指示灯区和数字键区。

在使用键盘按键之前，双手需要固定在一个位置上，并且按下按键后，应立即还原到固定位置准备下一次击键。这些手指放置的固定位置叫"基准键位"。基准键位位于主键盘区第三行，包括 A、S、D、F、J、K、L 和"；"8 个键。其中，F 键和 J 键称为原点键或者定位键，这两个键上均有一个"短横线"或"小圆点"，用于定位手指在键盘上的分布，即用户利用其快速地触摸定位。F 键和 J 键分别固定左右手的食指，其余 6 个手指指依次放下就分别对应剩余的基准键位，即左手小指、无名指、中指和食指分别放在 A、S、D、F 键上；右手食指、中指、无名指和小指分别放在 J、K、L 和【；】键上，如图 1-9 所示。

键盘上的字符分布是根据字符的使用频率确定的，将键盘一分为二，左右手分管两边，每个手指负责击打一定的键位。即将字母键及一些符号键划分为 8 个区域，分别分配给大拇指外的 8 个手指，而双手大拇指则只负责空格键的敲击。利用手指在键盘上的合理分工达到快速、准确地敲击键盘的目的，如图 1-10 所示。

图 1-9　基准键位

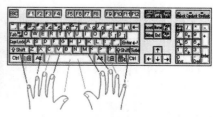

图 1-10　手指合理分工示意图

1.2　认识 Windows 7 操作系统

操作系统是进行电脑办公的基础。本节将主要介绍在 Windows 7 操作系统的基础操作知识。

1.2.1　桌面

在 Windows 7 操作系统中，桌面是用户进行工作的一个平面，它由桌面图标、【开始】按钮、任务栏等几个部分组成。

▽ 桌面图标：桌面图标就是整齐排列在桌面上的一系列图片，图片由图标和名称两部分组成。有的图标左下角有一个箭头，这些图标被称为"快捷方式"，双击此类图标即可快速启动相应的程序，如图 1-11 所示。

▽ 任务栏：任务栏是位于桌面下方的一个条形区域，它显示了系统正在运行的程序、打开的窗口和当前时间等内容，如图 1-12 所示。

图 1-11　桌面图标　　　　　　　　　　　　图 1-12　任务栏

▽ 【开始】按钮 ：【开始】按钮位于桌面的左下角，单击该按钮将弹出【开始】菜单，在该菜单中包含了 Windows 7 系统中的大部分重要元素。

1.2.2　【开始】菜单

【开始】菜单是 Windows 操作系统中的重要元素，其中存放了操作系统或系统设置的绝大多数命令，还可以使用当前操作系统中安装的所有程序。

Windows 7 操作系统【开始】菜单主要由固定程序列表、常用程序列表、所有程序菜单、启动菜单列表、搜索文本框和关闭和锁定电脑按钮组等组成，如图 1-13 所示。

图 1-13　【开始】菜单　　　　　　　　　　图 1-14　常用程序列表

【开始】菜单主要的构成元素作用如下。

▽ 常用程序列表：该列表列出了最近频繁使用的程序快捷方式，只要是在【所有程序】列表中运行过的程序，系统就会按照使用频率的高低自动将其排列在常用程序列表上。对于某些支持跳转列表功能的程序（右侧会带有箭头），也会在这里显示出跳转列表，如图1-14所示。

▽ 【所有程序】列表：系统中所有的程序都能在【所有程序】列表里找到。用户只需将光标指向或者单击【所有程序】命令，即可显示【所有程序】菜单。

▽ 常用位置列表：列出了硬盘上的一些常用位置，使用户能快速进入常用文件夹或系统设置。比如有【计算机】、【控制面板】、【设备和打印机】等常用程序及设备。

▽ 搜索框：在搜索框中输入关键字，即可搜索本机安装的程序或文档。

▽ 关机按钮组：由【关机】按钮和旁边的█键下拉菜单组成，包含了关机、睡眠、休眠、锁定、注销、切换用户、重新启动这些系统命令。

1.2.3 任务栏

Windows 7的任务栏主要包括快速启动栏、正在启动的程序区以及应用程序栏等3个部分，其各自的功能如下。

▽ 快速启动栏：用户若单击该栏中的某个图标，可快速地启动相应的应用程序，例如单击█按钮，可启动IE浏览器，如图1-15所示。

▽ 正在启动的程序区：该区域显示当前正在运行的所有程序，其中的每个按钮都代表了一个已经打开的窗口，单击这些按钮即可在不同的窗口之间进行切换。按住Alt键不放，然后按Tab键，可在不同的窗口之间进行快速地切换，如图1-16所示。

图 1-15   单击其中按钮   图 1-16   快速切换不同程序

▽ 语言栏：该栏用来显示系统当前正在使用的输入法和语言，如图1-17所示。

▽ 应用程序区：该区域显示系统的当前时间和在后台运行的某些程序。单击【显示隐藏的图标】按钮，可查看当前正在运行的程序，如图1-18所示。

图 1-17   显示输入法   图 1-18   查看当前正在运行的程序

1．任务栏图标排序

Windows 7 将快速启动栏的功能和传统程序窗口对应的按钮进行了整合，单击图标即可打开对应的应用程序，外观由图标转化为按钮，用户可根据按钮的外观来分辨是未运行程序的图标还是已运行程序的窗口按钮，如图 1-19 所示。

2．任务栏进度监视

在 Windows 7 操作系统中，任务栏中的按钮具有任务进度监视的功能。例如用户在复制某个文件时，在任务栏的按钮中会显示复制的进度，如图 1-20 所示。

图 1-19　任务栏图标显示

图 1-20　任务栏进度监视

1.2.4　窗口

窗口是 Windows 7 操作系统的重要组成部分，很多操作都是通过窗口来完成的。它相当于桌面上的一个工作区域。用户可以在窗口中对文件、文件夹或者某个程序进行操作。

双击桌面上的【计算机】图标，打开的窗口就是 Windows 7 系统下的一个标准窗口。窗口主要由标题栏、地址栏、搜索栏、工具栏、窗口工作区等元素组成，如图 1-21 所示。

> **实用技巧**
>
> Windows 7 操作系统的窗口都比较相似，但有些程序软件的窗口可能有所差异。

图 1-21　窗口

▽ **标题栏**：标题栏位于窗口的最顶端，最右端有【最小化】▭、【最大化/还原】▭、【关闭】✕ 3 个按钮。通常情况下，用户可以通过标题栏来进行移动窗口、改变窗口的大小和关闭窗口的操作。

▽ **地址栏**：用于显示和输入当前浏览位置的详细路径信息。Windows 7 的地址栏提供按钮功能，单击地址栏文件夹后的"▶"按钮，弹出一个下拉菜单，里面列出了与该文件夹同级的其他文件夹，在菜单中选择相应的路径便可跳转到对应的文件夹。

▽ **搜索栏**：Windows 7 窗口右上角的搜索栏与【开始】菜单中的【搜索框】作用和用法相同，都具有在计算机中搜索各种文件的功能。搜索时，地址栏中显示搜索进度。

▽ 工具栏:工具栏位于地址栏的下方,提供了一些基本工具和菜单任务。

▽ 窗口工作区:用于显示主要的内容,如多个不同的文件夹、磁盘驱动等。它是窗口中最主要的部位。

▽ 导航窗格:导航窗格位于窗口左侧的位置,它给用户提供了树状结构文件夹列表,从而方便用户迅速地定位所需的目标。窗格从上到下分为若干个类别,通过单击每个类别前的箭头,可以展开或者合并。

▽ 状态栏:位于窗口的最底部,用于显示当前操作的状态及提示信息,或当前用户选定对象的详细信息。

【例 1-1】 移动并缩放桌面上打开的【计算机】窗口。 视频

STEP 01 打开【计算机】窗口后,将鼠标指针放置在窗口顶部的标题栏上,如图 1-22 所示。

STEP 02 按住鼠标左键不放,然后拖动鼠标即可移动【计算机】窗口,如图 1-23 所示。

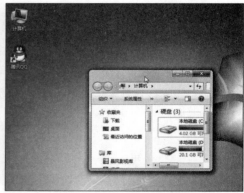

图 1-22 鼠标放置在窗口顶部标题栏   图 1-23 拖动鼠标移动窗口

STEP 03 将鼠标指针至于窗口的边框或边角位置,然后按住鼠标左键拖拽即可缩放【计算机】窗口的大小,如图 1-24 所示。

图 1-24 调整图像大小

在 Windows 7 操作系统中,提供了层叠窗口、堆叠显示窗口和并排显示窗口 3 种窗口排列方法,通过多窗口排列可以使窗口排列更加整齐。

例如打开多个应用程序的窗口,然后在任务栏的空白处右击鼠标,在弹出的快捷菜单中选择【层叠窗口】命令,如图 1-25 所示。此时打开的所有窗口(最小化的窗口除外)将会以层叠的方式在桌面上显示,如图 1-26 所示。

图 1-25　选择【层叠窗口】命令

图 1-26　窗口层叠显示

 1.2.5　对话框

对话框包含按钮和命令,通过它们可以完成特定命令和任务。

Windows 7 中的对话框多种多样,对话框中的可操作元素主要包括命令按钮、选项卡、单选按钮、复选框、文本框、下拉列表框和数值框等,如图 1-27 所示,但并不是所有的对话框都包含以上所有的元素。

图 1-27　对话框

实用技巧

对话框和窗口的最大区别就是没有最大化和最小化按钮,一般不能改变其形状和大小。

对话框各组成元素的作用如下。

▽ 选项卡:有的对话框内有多个选项卡,选择不同的选项卡可以切换到相应的设置页面。

▽ 列表框:列表框在对话框里有时以矩形框形式显示,有时会以下拉列表框的形式显示,里面列出多个选项供用户选择。

▽ 单选按钮:单选按钮是一些互相排斥的选项,每次只能选择其中的一个项目,被选中的圆圈中将会有个黑点,如图 1-28 所示。

▽ 复选框:复选框中所列出的各个选项是不互相排斥的,用户可根据需要选择其中的一个或几个选项。一个选择框代表一个可以打开或关闭的选项。在空白选择框上单击便可选中它,框内出现一个"√"标记,再次单击这个选择框取消选择,如图 1-29 所示。

图 1-28　单选按钮

图 1-29　复选框

▽ 文本框：文本框主要用来接收用户输入的信息，以便正确地完成对话框的操作。如图1-30所示，【数值数据】选项下方的矩形白色区域即为文本框。

▽ 数值框：数值框用于输入或选中一个数值。它由文本框和微调按钮组成。单击上三角的微调按钮，可增加数值；单击下三角的微调按钮，可减少数值。也可以在文本框中直接输入需要的数值，如图 1-31 所示。

图 1-30　文本框

图 1-31　数值框

▽ 下拉列表框：下拉列表框是一个带有下拉按钮的文本框，用来在多个项目中选择一个，选中的项目将在下拉列表框内显示。当单击下拉列表框右边的下三角按钮时，将出现一个下拉列表供用户选择。

1.2.6　菜单

菜单栏通常由多层菜单组成，每个菜单又包含若干个命令。用鼠标单击需要执行的菜单选项即可打开菜单。

一般来说，菜单中的命令包含有以下几种。

▽ 可执行命令和暂时不可执行命令：菜单中可以执行的命令以黑色字符显示，暂时不可执行的命令以灰色字符显示，当满足相应的条件下，暂时不可执行的命令才能变为可执行命令，灰色字符也会变为黑色字符，如图 1-32 所示。

▽ 快捷键命令：有些命令的右边有快捷键。用户通过使用这些快捷键，可以快速直接的执行相应的菜单命令，如图 1-33 所示。

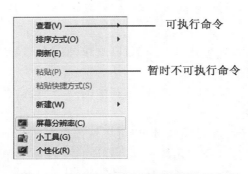

图 1-32　可执行命令和暂时不可执行命令

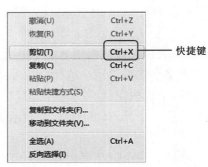

图 1-33　快捷键命令

▽ 带大写字母的命令：菜单命令中有许多命令的后面都有一个括号，括号中有一个大写字母（为该命令英文的第一个字母）。当菜单处于激活状态时，在键盘上键入相应字母，可执行该命令，如图1-34所示。

▽ 带省略号的命令：命令的后面有省略号"…"，表示选择此命令后，将弹出一个对话框或者一个设置向导，这种命令可以完成一些设置或者更多的操作，如图1-35所示。

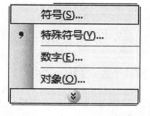

图1-34　带大写字母的命令　　　图1-35　带省略号的命令

▽ 单选命令：有些菜单命令中有一组命令，每次只能有一个命令被选中，当前选中的命令左边出现一个单选标记"•"。选择该组的其他命令后，标记"●"出现在第二次选中命令的左边，原先命令前面的标记"●"将消失。

▽ 复选命令：有些菜单命令中，选择某个命令后，该命令的左边出现一个复选标记"√"，表示此命令正在发挥作用；再次选择该命令，命令左边的标记"√"消失，表示该命令不起作用。

▽ 子菜单命令：有些菜单命令的右边有一个向右箭头，则光标指向此命令后，会弹出一个下级子菜单，子菜单通常给出某一类选项或命令，有时是一组应用程序。

1.3　设置系统办公环境

在使用Windows 7进行电脑办公时，用户可根据自己的习惯和喜好在系统中设置一个个性化的办公环境，主要包括设置桌面背景、设置用户账户、管理文件和文件夹等。

1.3.1　设置桌面背景

桌面背景是Windows 7系统桌面的背景图案，又叫做墙纸。启动Windows 7操作系统后，桌面背景采用的是系统安装时默认的设置，用户可以根据自己的喜好更换桌面背景。

【例1-2】　更改桌面背景。　视频

STEP 01　启动Windows 7系统后，右击桌面空白处，在弹出的快捷菜单中选择【个性化】命令，如图1-36所示。

STEP 02　在打开的【个性化】窗口中，单击窗口下方的【桌面背景】图标，如图1-37所示。

STEP 03　打开【桌面背景】对话框，单击【全面清除】按钮，然后在选项框内选中一幅图片，单击【保存修改】按钮，如图1-38所示。

STEP 04　设置完成后，桌面背景改变，如图1-39所示。

图 1-36　选择【个性化】命令

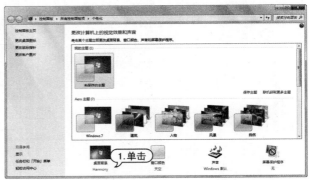

图 1-37　单击【桌面背景】图标

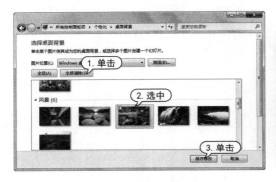

图 1-38　选中图片

图 1-39　更改桌面背景

1.3.2　设置用户账号

　　Windows 7 是一个多用户、多任务的操作系统,它允许每个使用电脑的用户建立自己的专用办公环境。每个账户登录之后都可以对系统进行自定义设置,其中一些隐私信息也必须登录才能看见,这样使用同一台电脑的每个办公用户不会相互干扰。

　　一般来说,用户账户有以下 3 种:计算机管理员账户、标准用户账户和来宾账户。

▽　计算机管理员账户:计算机管理员账户拥有对全系统的控制权:能改变系统设置,可以安装和删除程序,能访问计算机上所有的文件。除此之外,它还拥有控制其他用户的权限。

▽　标准用户账户:标准用户账户是权力受到限制的账户,这类用户可以访问已经安装在计算机上的程序,可以更改自己的账户图片,还可以创建、更改或删除自己密码,但无权更改大多数计算机的设置,不能删除重要文件,无法安装软件或硬件,也不能访问其他用户的文件。

▽　来宾账户:来宾账户则是给那些在计算机上没有用户账户的人用的,只是一个临时账户,因此来宾账户的权力最小,它没有密码,可以快速登录,能做的事情仅限于查看电脑中的资源、检查电子邮件、浏览 Internet 等。

【例 1-3】　在 Windows 7 中新建一个用户账户,并为其设置图标和密码。　视频

STEP 01　单击【开始】按钮,选择【控制面板】命令,如图 1-40 所示。

STEP 02 打开【控制面板】窗口,单击【用户账户】图标,打开【用户账户】窗口,如图 1-41 所示。

图 1-40 选择【控制面板】命令

图 1-41 单击【用户账户】图标

STEP 03 在【用户账户】窗口中单击【管理其他账户】超链接,打开【管理账户】窗口,如图 1-42 所示。

STEP 04 在【管理账户】窗口中单击【创建一个新账户】超链接,打开【命名账户并选择账户类型】窗口,如图 1-43 所示。

图 1-42 单击超链接 1

图 1-43 单击超链接 2

STEP 05 在【新账户名】文本框中输入新用户的名称"小朵",然后选中【管理员】单选按钮,单击【创建账户】按钮,如图 1-44 所示。

STEP 06 创建用户名为【小朵】的用户账户,如图 1-45 所示。

图 1-44 输入用户名称

图 1-45 新建账户

轻松学 电脑教程系列

13

STEP 07 在【管理账户】窗口中单击"小朵"账户的图标,如图 1-46 所示。

STEP 08 打开【更改小朵的账户】窗口,单击【更改图片】超链接,如图 1-47 所示。

图 1-46　单击账户图标 1

图 1-47　单击【更改图片】超链接 1

STEP 09 打开【为小朵的账户选择一个新图片】窗口,在该窗口中,系统提供了许多图片供用户选择。在此单击【浏览更多图片】超链接,如图 1-48 所示。

STEP 10 打开【打开】对话框,选择名称为"小朵"的图片,单击【打开】按钮,如图 1-49 所示。

图 1-48　单击账户图标 2

图 1-49　单击【更改图片】超链接 2

STEP 11 完成头像的更改并返回如图 1-50 所示的窗口,单击【创建密码】超链接。

STEP 12 打开【为小朵的账户创建一个密码】窗口,在【新密码】文本框中输入密码,在其下方的文本框中再次输入密码进行确认,然后在【密码提示】文本框中输入提示信息(也可不设置),最后单击【创建密码】按钮即可完成密码的设置,如图 1-51 所示。

图 1-50　单击【创建密码】超链接

图 1-51　设置密码

轻松学 电脑教程系列

实用技巧

用户可以删除多余的账户,但是在删除账户之前,必须先登录到"管理员"类型的账户。

1.3.3 管理文件和文件夹

要想把电脑中的办公资源管理得井然有序,首先要掌握文件和文件夹的基本操作方法。主要包括新建文件和文件夹,文件和文件夹的选择、移动、复制、删除等。

1. 认识文件和文件夹

文件是储存在电脑磁盘内的一系列数据的集合;文件夹则是文件的集合,用来存放单个或多个文件。

文件是 Windows 中最基本的存储单位,它包含文本、图像及数值数据等信息。不同的信息种类保存在不同的文件类型中。文件类型用文件的扩展名来区分,根据保存的信息和保存方式的不同,将文件分为不同的类型,并在电脑中以不同的图标显示,如图 1-52 所示。

为了便于管理文件,在 Windows 系列操作系统中引入了文件夹的概念。文件夹的外观由文件夹图标和文件夹名称组成,如图 1-53 所示。

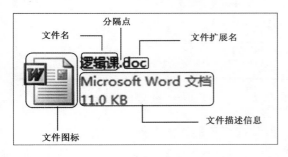

图 1-52 文件

图 1-53 文件夹

文件和文件夹都是存放在电脑的磁盘里,文件夹可以包含文件和子文件夹,子文件夹内又可以包含文件和子文件夹,依次类推,即可形成文件和文件夹的树形关系,如图 1-54 所示。

路径指的是文件或文件夹在电脑中存储的位置,当打开某个文件夹时,在地址栏中即可看到进入的文件夹的层次结构,如图 1-55 所示。由文件夹的层次结构可以得到文件夹的路径。路径的结构一般包括磁盘名称、文件夹名称和文件名称,它们之间用"\"隔开。

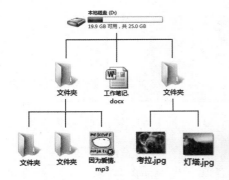

图 1-54 文件和文件夹关系

图 1-55 路径

2. 创建文件和文件夹

在使用电脑时,用户新建文件是为了存储数据或者使用应用程序的需要。用户也可以根据自己的需求,创建文件夹来存放相应类型的文件。要创建文件夹,在想要创建文件夹的位置右击,然后在弹出的快捷菜单中选择【新建】|【文件夹】命令即可。

【例 1-4】 新建文件和文件夹。 视频

STEP 01 打开资源管理器,双击【本地磁盘(D:)】图标,进入到 D 盘目录,在 D 盘的空白处右击鼠标,在弹出的快捷菜单中选择【新建】|【文件夹】命令,如图 1-56 所示。

STEP 02 此时在 D 盘中新建一个文件夹,并且该文件夹的名称以高亮状态显示。输入名称"我的备忘录",按 Enter 键即可完成文件夹的新建和重命名,如图 1-57 所示。

图 1-56 选择【新建】|【文件夹】命令

图 1-57 输入文件夹名称

STEP 03 双击进入该文件夹,然后在空白处右击鼠标,在弹出的快捷菜单中选择【新建】|【文本文档】命令,新建一个文本文档,如图 1-58 所示。

STEP 04 此时,该文本文档的名称以高亮状态显示。输入文件的名称"日程安排",然后按 Enter 键即可完成文本文档的创建和重命名,如图 1-59 所示。

图 1-58 选择【新建】|【文本文档】命令

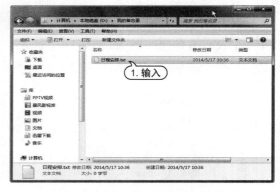

图 1-59 输入文件名称

3. 复制文件和文件夹

复制文件和文件夹是为了将一些比较重要的文件和文件夹加以备份,也就是将文件或文件夹复制一份到硬盘上的其他位置,使文件或文件夹更加安全,以免因意外的丢失情况而造成

不必要的损失。

【例1-5】 将桌面上的【租赁协议】文档复制至D盘的【重要文件】文件夹中。 ▶视频

STEP 01 右击【租赁协议】文档,在弹出的快捷菜单中选择【复制】命令,如图1-60所示。

STEP 02 在【计算机】窗口中双击【本地磁盘(D:)】图标,进入到D盘根目录,双击【重要文件】文件夹,如图1-61所示。

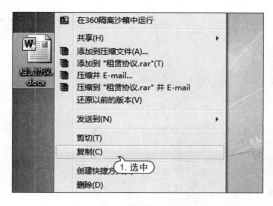

图1-60　选择【复制】命令

图1-61　双击文件夹

STEP 03 打开【重要文件】窗口,右击空白处,在弹出的快捷菜单中选择【粘贴】命令,如图1-62所示。

STEP 04 此时,【租赁协议】文档被复制到D盘【重要文件】文件夹中,如图1-63所示。

图1-62　选择【粘贴】命令

图1-63　复制文件

⚙ 实用技巧

　　在Windows中,用户也可以使用鼠标拖动的方法,或通过菜单中的【剪切】和【粘贴】命令,对文件或文件夹进行移动操作。这里所说的移动不是指改变文件或文件夹的摆放位置,而是指改变文件或文件夹的存储路径。

1.4　Office 2010 基本操作

　　要使用Office 2010,首先要掌握启动和退出Office 2010的操作方法,此外还需要对Office 2010的工作界面和视图模式有所了解。

1.4.1 启动和退出 Office 2010

在电脑中安装完 Office 2010 以后,就可以开始进行操作。Office 2010 组件的功能虽然各异,但其启动和退出方法基本相同。下面以启动 Word 2010 组件为例讲解启动和退出方法。

1. 启动 Word 2010

启动 Word 2010 的方法很多,最常用的有以下两种。

▽ 从【开始】菜单启动:启动 Windows 7 后,单击【开始】按钮,从弹出的【开始】菜单中选择【所有程序】| Microsoft Office | Microsoft Word 2010 命令,即可启动 Word 2010,如图 1-64 所示。

▽ 通过桌面快捷方式启动:当 Word 2010 安装完后,桌面上将自动创建 Word 2010 快捷图标。双击该快捷图标,即可启动 Word 2010,如图 1-65 所示。

图 1-64　选择程序命令　　　　图 1-65　双击快捷方式图标

▽ 通过 Word 文档启动:双击后缀名为 .docx 的文件,即可打开该文档,启动 Word 2010 应用程序。

2. 退出 Word 2010

退出 Word 2010 有很多方法,常用的主要有以下两种。

▽ 单击 Word 2010 窗口右上角的【关闭】按钮 ✕。

▽ 单击【文件】按钮,从弹出的【文件】菜单中选择【退出】命令。

1.4.2 Office 2010 的工作界面

Office 2010 与 Office 2007 的工作界面相似,通过功能区将各种命令程序显示出来。本节将介绍 Office 2010 中的"三剑客"的工作界面。

1. Word 2010 工作界面

启动 Word 2010 后,桌面上就会出现 Word 2010 的工作界面,如图 1-66 所示。

该界面主要由标题栏、快速访问工具栏、功能选项卡、功能区、文档编辑区、滚动条和状态与视图栏组成,各自的作用如下。

▽ 标题栏:标题栏位于窗口的顶端,用于显示当前正在运行的程序名及文件名等信息。标题栏最右端有 3 个按钮,分别用来控制窗口的最小化、最大化和关闭。

▽ 快速访问工具栏:快速访问工具栏中包含最常用操作的快捷按钮,方便用户使用。在默认状

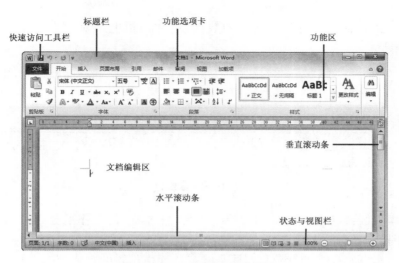

图1-66 Word 2010 工作界面

态中,快速访问工具栏中包含3个快捷按钮,分别为【保存】按钮、【撤销】按钮和【恢复】按钮。

▽ 功能选项卡:单击相应的标签,即可打开对应的功能选项卡,如【开始】、【插入】、【页面布局】等选项卡。

▽ 文档编辑区:它是Word中最重要的部分,所有的文本操作都将在该区域中进行,用来显示和编辑文档、表格等。

▽ 状态栏:位于Word窗口的底部,显示了当前的文档信息,如当前显示的文档是第几页、当前文档的总页数和当前文档的字数等,还提供有视图方式、显示比例和缩放滑块等辅助功能,显示当前的各种编辑状态。

◎ 知识点滴

在状态栏中还显示一些特定命令的工作状态,如录制宏、当前使用的语言等,当这些命令为高亮时,表示目前正处于工作状态,若为灰色,则表示未在工作状态。

2. Excel 2010 工作界面

在Excel 2010的工作主界面中,除了包含有与Word 2010相同的界面元素外,还有许多特有的组件,如编辑栏、工作表编辑区、工作表标签、行号与列标等,如图1-67所示。

编辑栏　　　列标

行号

工作表编辑区

工作表标签

◎ 实用技巧

Excel 2010的工作界面和Word 2010相似,其中相似的元素在此不再重复介绍,仅介绍一下Excel特有的编辑栏、工作表编辑区、行号、列标和工作表标签这5个元素。

图1-67 Excel 2010 工作界面

轻松学 电脑教程系列

▽ 编辑栏:显示的是当前单元格中的数据,可在编辑框中对数据直接进行编辑,如图1-68所示。

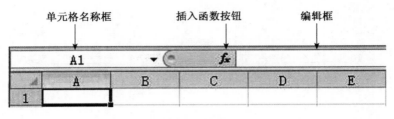

图 1-68　编辑栏

▽ 工作表编辑区:相当于 Word 的文档编辑区,是 Excel 的工作平台和编辑表格的重要场所,位于操作界面的中间位置,呈网格状。

▽ 行号和列标:Excel 中的行号和列标是确定单元格位置的重要依据,也是显示工作状态的一种导航工具。其中,行号由阿拉伯数字组成,列标由大写的英文字母组成。单元格的命名规则是:列标号+行号。例如第 A 列的第 7 行即称为 A7 单元格。

▽ 工作表标签:在一个工作簿中可以有多个工作表,工作表标签表示的是对应工作表的名称。

3. PowerPoint 2010 工作界面

PowerPoint 2010 的工作界面主要由【文件】按钮、快速访问工具栏、标题栏、功能选项卡、功能区、大纲/幻灯片浏览窗格、幻灯片编辑窗口、备注窗格和状态栏等部分组成,如图 1-69 所示。

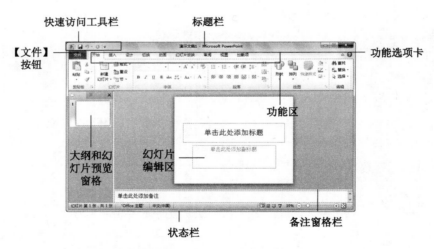

图 1-69　PowerPoint 2010 工作界面

PowerPoint 2010 的工作界面中,除了包含与其他 Office 软件相同的界面元素外,还有许多特有的组件,如大纲/幻灯片浏览窗格、幻灯片编辑窗口和备注窗格栏等。

▽ 大纲/幻灯片浏览窗格:位于操作界面的左侧,单击不同的选项卡标签,即可在对应的窗格间进行切换。在【大纲】选项卡中以大纲形式列出了当前演示文稿中各张幻灯片的文本内容;在【幻灯片】选项卡中列出了当前演示文档中所有幻灯片的缩略图。

▽ 幻灯片编辑窗口：它是编辑幻灯片内容的场所，是演示文稿的核心部分。在该区域中可对幻灯片内容进行编辑、查看和添加对象等操作。

▽ 备注窗格：位于幻灯片窗格下方，用于输入内容，可以为幻灯片添加说明，以便使放映者能够更好地讲解幻灯片中展示的内容。

▽ 行号与列标：用来标明数据所在的行与列，也是用来选择行与列的工具。

1.4.3　Office 2010 的视图模式

Office 2010 办公组件提供了多种视图模式供用户选择。

1. Word 2010 视图模式

在对文档进程编辑时，根据编辑的着重点不同，可以选择不同的视图方式进行编辑，以便更好地完成工作。Word 2010 提供了 5 种文档显示的方式，即页面视图、Web 版式视图、阅读版式视图、大纲视图和草稿视图。

▽ 页面视图：页面视图是 Word 2010 的默认视图方式，该视图方式是按照文档的打印效果显示文档，显示与实际打印效果完全相同的文件样式。打开【视图】选项卡，在【文档视图】组中单击【页面视图】按钮，或者在视图栏的视图按钮组中单击【页面视图】按钮，即可切换至页面视图模式，如图 1-70 所示。

▽ Web 版式视图：Web 版式视图主要用于 HTML 文档的编辑。HTML（＊.htm）是 Web 网页格式文件，在 Web 版式视图方式下编辑文档，可以更准确地看到其在 Web 浏览器中显示的效果。打开【视图】选项卡，在【文档视图】组中单击【Web 版式视图】按钮，或者在视图栏的视图按钮组中单击【Web 版式视图】按钮，即可切换至 Web 版式视图模式，如图 1-71 所示。要关闭 Web 版式视图模式，可单击其他视图按钮，也可以按 Esc 键。

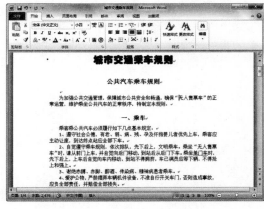

图 1-70　页面视图

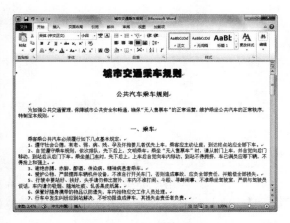

图 1-71　Web 版式视图

▽ 阅读版式视图：阅读版式视图是模拟书本阅读方式，即以图书的分栏样式显示，将两页文档同时显示在一个视图窗口的一种视图方式。打开【视图】选项卡，在【文档视图】组中单击【阅读版式视图】按钮，或者在视图栏的视图按钮组中单击【阅读版式视图】按钮，即可切换至阅读版式视图。在这种视图方式下可以最大的空间来阅读或批注文档，如图 1-72 所示。

▽ 大纲视图:大纲视图主要用于设置和显示 Word 2010 文档的标题的层级结构,可以方便地折叠和展开文档的各种层级。打开【视图】选项卡,在【文档视图】组中单击【大纲视图】按钮,或者在视图栏的视图按钮组中单击【大纲视图】按钮,即可切换至大纲视图,如图 1-73 所示。

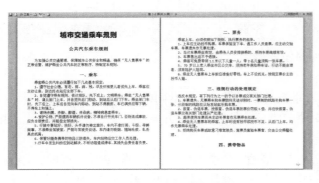

图 1-72 阅读版式视图

图 1-73 大纲视图

▽ 草稿视图:草稿视图主要用于查看草稿形式的文档,便于快速编辑文本。打开【视图】选项卡,在【文档视图】组中单击【草稿】按钮,或者在视图栏的视图按钮组中单击【草稿】按钮,即可切换至草稿视图模式,如图 1-74 所示。

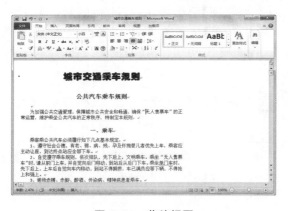

图 1-74 草稿视图

实用技巧

草稿视图取消了页面边距、分栏、页眉页脚和图片等元素,仅显示标题和正文,是最节省计算机系统硬件资源的视图方式。

2. Excel 2010 视图模式

Excel 2010 为用户提供了普通视图、页面布局视图和分页预览视图 3 种视图模式。打开【视图】选项卡,在【工作簿视图】组中单击相应的视图按钮,或者在视图栏中单击视图按钮,即可将当前操作界面切换至相应的视图模式。

▽ 普通视图:普通视图是 Excel 2010 的默认视图模式,在该视图下无法查看页边距、页眉和页脚,仅可对表格进行设计和编辑。

▽ 页面布局视图:页面布局视图兼有打印预览和普通视图的优点。在该视图中,既可对表格进行编辑修改,也可查看和修改页边距、页眉和页脚,同时显示水平和垂直标尺,方便用户测量和对齐表格中的对象,如图 1-75 所示。

▽ 分页预览视图:在分页预览视图中,Excel 2010 自动将表格分成多页,通过拖动界面右侧

轻松学电脑教程系列

或者下方的滚动条，可查看各页面中的数据内容，如图 1-76 所示。

图 1-75　页面布局视图

图 1-76　分页预览视图

3. PowerPoint 2010 视图模式

PowerPoint 2010 提供了普通视图、幻灯片浏览视图、备注页视图、幻灯片放映视图和阅读视图 5 种视图模式。打开【视图】选项卡，在【演示文稿视图】组中单击相应的视图按钮，或者单击主界面右下角的快捷按钮，即可将当前操作界面切换至对应的视图模式。

▽ 普通视图：普通视图又可以分为两种形式，主要区别在于 PowerPoint 工作界面最左边的预览窗口是幻灯片形式还是大纲形式，用户可以通过单击该预览窗口上方的切换按钮进行切换。

▽ 备注页视图：在备注页视图模式下，用户可以方便地添加和更改备注信息，也可以添加图形等信息，如图 1-77 所示。

▽ 幻灯片浏览视图：使用幻灯片浏览视图，可以在屏幕上以缩略图方式看到演示文稿中的所有幻灯片，如图 1-78 所示。

图 1-77　备注页视图

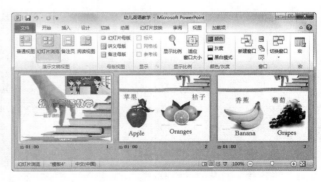

图 1-78　幻灯片浏览视图

▽ 幻灯片放映视图：幻灯片放映视图是演示文稿的最终效果。在幻灯片放映视图下，用户可以看到幻灯片的最终效果，如图 1-79 所示。

▽ 阅读视图：如果用户希望在一个设有简单控件的审阅窗口中查看演示文稿，而不想使用全屏的幻灯片放映视图，则可以使用阅读视图，如图 1-80 所示。

图 1-79　幻灯片放映视图

图 1-80　阅读视图

1.5　案例演练

本章的案例演练为设置 Word 2010 工作界面,用户通过练习可以巩固本章所学知识。

【例 1-6】设置 Word 2010 工作界面。视频

STEP 01　启动 Word 2010 应用程序,单击快速访问工具栏右侧的【自定义快速访问工具栏】按钮,从弹出的菜单中选择【打开】命令,将【打开】按钮添加至快速访问工具栏中,如图 1-81 所示。

STEP 02　单击【自定义快速访问工具栏】按钮,选择【其他命令】命令,打开【快速访问工具栏】选项卡,在【从下列位置选择命令】下拉列表中选择【"文件"选项卡】选项,在其下的列表框中选择【新建】选项,单击【添加】按钮,将其添加到右侧【自定义快速访问工具栏】列表框中,单击【确定】按钮,如图 1-82 所示。

图 1-81　添加【打开】按钮

图 1-82　自定义快速访问工具栏

STEP 03　单击工作界面右上方的【功能区最小化】按钮,此时即可将功能区最小化为一行,如图 1-83 所示。

STEP 04　单击【文件】按钮,从弹出的【文件】菜单中选择【选项】命令,打开【Word 选项】对话框,

如图 1-84 所示。

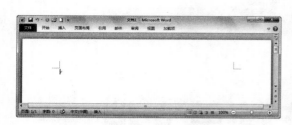

图 1-83　最小化功能区

图 1-84　选择【选项】命令

STEP 05 打开【常规】选项卡,在【用户界面选项】选项区域的【配色方案】下拉列表中选择【蓝色】选项,单击【确定】按钮,如图 1-85 所示。

STEP 06 单击界面右上方的【展开功能区】按钮,展开功能区,查看工作界面的颜色,如图 1-86 所示。

图 1-85　选择【蓝色】选项

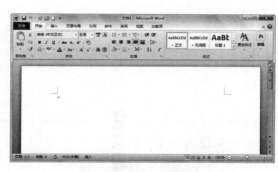

图 1-86　更改界面颜色

轻松学 电脑教程系列

第 2 章

Word 制作简单文档

Word 2010 是 Office 2010 系列组件中的专业文字处理软件，可以方便地进行文字、图形、图像和数据处理，是最常使用的办公文档处理软件之一。本章将主要介绍 Word 2010 的基础操作知识。

对应的光盘视频

2.1　Word 2010 文档基础操作

在使用 Word 2010 编辑处理文档前,应先掌握文档的基础操作,如创建新文档、保存文档、打开文档和关闭文档等。

2.1.1　新建文档

在 Word 2010 中,创建的新文档可以是空白文档,也可以是基于模板的文档。

1. 新建空白文档

空白文档是最常使用的文档。在打开的【文档 1】文档窗口中,单击【文件】按钮,从弹出的菜单中选择【新建】命令,打开 Microsoft Office Backstage 视图。在【可用模板】列表框中选择【空白文档】选项,单击【创建】按钮,即可创建一个名为【文档 2】的空白文档。

图 2-1　新建空白文档

2. 新建基于模板的文档

模板是 Word 预先设置好内容格式的文档。Word 2010 为用户提供了多种具有统一规格、统一框架的文档模板,如传真、信函或简历等。使用它们可以快速地创建基于模板的文档。

【例 2-1】 根据【基本报表】模板来创建新文档。

STEP 01 启动 Word 2010 应用程序,打开一个名为"文档 1"文档。

STEP 02 单击【文件】按钮,从弹出的菜单中选择【新建】命令,在【可用模板】列表框中选择【样本模板】选项,如图 2-2 所示。

STEP 03 系统会显示 Word 2010 提供的所有样本模板,在样本模板列表框中选择【基本报表】选项,可在右侧窗口中预览该模板的样式,选中【文档】单选按钮,单击【创建】按钮,如图 2-3 所示。

STEP 04 新建一个名为"文档 2"的新文档,并自动套用所选择的【基本报表】模板的样式,如图 2-4 所示。

2.1.2　打开和关闭文档

打开文档是 Word 的一项基本操作,对于任何文档来说都需要先打开,然后才能进行编辑。编辑完成后,应将文档关闭。

图 2-2　选择【样本模板】选项

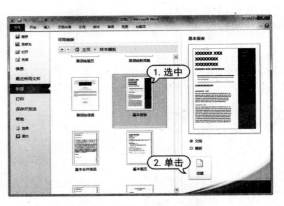

图 2-3　选择【基本报表】选项

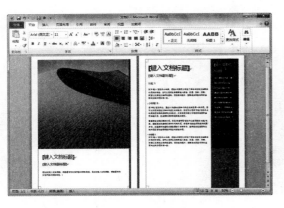

图 2-4　新建文档

> **实用技巧**
>
> 　　在网络连通的情况下，可以在 Microsoft Office Backstage 视图的【可用模板】的【Office. com 模板】列表框中选择相应的模板选项，单击【下载】按钮，即可链接到 Office. com 网站下载该模板。下载完毕后，自动创建基于选中模板的文档。

1. 打开文档

　　对于已经存在的 Word 文档，只需双击该文档的图标即可打开该文档。用户也可在一个已打开的文档中打开另外一个文档。例如，单击【文件】按钮，在打开的页面中选择【打开】命令，打开【打开】对话框。在【打开】对话框中选中所需打开的文件，然后单击【打开】按钮即可将其打开。

2. 关闭文档

　　不使用文档时，应将其关闭。关闭文档的方法非常简单，常用的关闭文档的方法如下。

　　▽　单击标题栏右侧的【关闭】按钮。

　　▽　按 Alt＋F4 组合键。

　　▽　单击【开始】按钮，从弹出的菜单中选择【关闭】命令。

　　▽　右击标题栏，从弹出的快捷菜单中选择【关闭】命令。

2.1.3　保存文档

　　新建好文档后，可通过 Word 的保存功能将其存储到电脑中，便于以后打开和编辑使用。若不及时保存，文档中的信息将会丢失。保存文档分为保存新建的文档、保存已保存过的文档、将现有的文档另存为其他格式文档和自动保存 4 种方式。

1. 保存新建的文档

在第一次保存编辑好的文档时,需要指定文件名、文件的保存位置和保存格式等信息。保存新建文档的常用操作如下。

▽ 单击【文件】按钮,从弹出的菜单中选择【保存】命令。打开【另存为】对话框,选择文档的保存路径,设置文档名称和类型,单击【保存】按钮即可,如图 2-5 所示。

▽ 单击快速访问工具栏上的【保存】按钮■。

2. 保存已保存过的文档

对已保存过的文档进行保存时,可单击【文件】按钮,在弹出的【文件】菜单中选择【保存】命令,或单击快速访问工具栏上的【保存】按钮■,即可按照原有的路径、名称以及格式进行保存。

3. 将现有的文档另存为其他格式

要将当前文档另存为其他文档,可单击【文件】按钮,在打开的页面中选择【另存为】命令,打开【另存为】对话框,在其中可设置保存格式为 PDF 文档或网页等多种格式,然后单击【保存】按钮即可,如图 2-6 所示。

图 2-5　保存新建文档

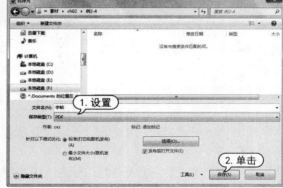
图 2-6　设置保存格式

4. 自动保存文档

用户若不习惯于随时对修改的文档进行保存操作,则可以为文档设置自动保存。设置自动保存后,无论文档是否进行了修改,系统都会根据设置的时间间隔在指定的时间后自动对文档进行保存。

【例 2-2】 将文档的自动保存的时间间隔设置为 5 分钟。视频

STEP 01 启动 Word 2010 应用程序,打开一个名为"文档 1"文档。

STEP 02 单击【文件】按钮,从弹出的【文件】菜单中选择【选项】命令,如图 2-7 所示。

STEP 03 打开【Word 选项】对话框的【保存】选项卡,在【保存文档】选项区域中选中【保存自动恢复信息时间间隔】复选框,并在其右侧的微调框中输入 5,单击【确定】按钮,完成设置,如图 2-8 所示。

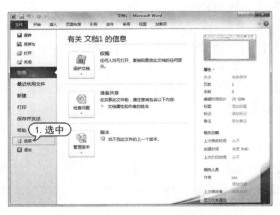

图 2-7　选择【选项】命令

图 2-8　设置自动保存

2.2　输入文本操作

　　创建新文档后，要想操作文档中的文本，必须学会在文档中输入文本内容。本节将介绍普通文本、特殊符号、日期和时间的输入方法。

2.2.1　输入普通文本

　　当新建一个文档后，在文档的开始位置将出现一个闪烁的光标，称为"插入点"。在 Word 文档中输入的文本，都将在插入点处出现。定位了插入点的位置后，选择一种输入法，即可开始输入普通文本。在文本的输入过程中，Word 2010 将遵循以下原则。

　　▽　按下 Enter 键，将在插入点的下一行处创建一个新的段落，并在上一个段落的结束处显示【↵】符号。

　　▽　按下空格键，将在插入点的左侧插入一个空格符号，它的大小将根据当前输入法的全半角状态而定。

　　▽　按下 Backspace 键，将删除插入点左侧的一个字符。

　　▽　按下 Delete 键，将删除插入点右侧的一个字符。

【例 2-3】　新建一个名为"邀请函"的文档，在其中输入普通文本。　视频+素材

STEP 01 启动 Word 2010 应用程序，系统自动打开一个名为"文档 1"文档。单击【文件】按钮，从弹出的菜单中选择【保存】命令。

STEP 02 打开【另存为】对话框，选择文档保存路径，在【文件名】文本框中输入"邀请函"，单击【保存】按钮，保存文档，如图 2-9 所示。

STEP 03 按空格键，将插入点移至页面中央位置，输入标题文本"邀请函"，如图 2-10 所示。

STEP 04 按 Enter 键，将插入点跳转至下一行的行首，继续输入文本"尊敬的家长朋友："，如图 2-11 所示。

STEP 05 按 Enter 键，将插入点跳转至下一行的行首，再按下 Tab 键，首行缩进 2 个字符，继续输入多段正文文本，按 Enter 键，换行，再按空格键将插入点定位到文本最右侧，输入文本，如图 2-12 所示。

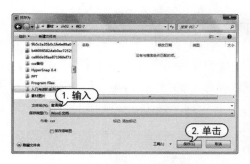

图 2-9　【另存为】对话框

图 2-10　输入文本 1

图 2-11　输入文本 2

图 2-12　输入文本 3

2.2.2　输入符号

在输入文档时,除了可以直接通过键盘输入常用的基本符号外,还可以通过 Word 2010 的插入符号功能输入一些诸如☆、囗、®(注册符)以及™(商标符)等特殊字符。

1. 插入符号

打开【插入】选项卡,单击【符号】组中的【符号】下拉按钮 Ω符号▾,从弹出的下拉菜单中选择需要的符号即可插入相应符号,如图 2-13 所示。

选择【其他符号】命令,将打开【符号】对话框,选择要插入的符号,单击【插入】按钮,即可插入相应符号,如图 2-14 所示。

图 2-13　选择符号

图 2-14　【符号】对话框

打开【特殊字符】选项卡,在其中可以选择®(注册符)以及™(商标符)等特殊字符,单击

【插入】按钮，即可将其插入到文档中，如图 2-15 所示。

2．插入特殊符号

要插入特殊符号，可以打开【加载项】选项卡，在【菜单命令】组中单击【特殊符号】按钮 ，打开【插入特殊符号】对话框，在该对话框中选择相应的符号后，单击【确定】按钮即可，如图 2-16 所示。

图 2-15 【特殊字符】选项卡

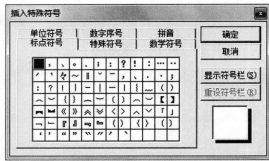

图 2-16 【插入特殊符号】对话框

【例 2-4】 在"邀请函"文档中输入符号。 视频+素材

STEP 01 启动 Word 2010 应用程序，打开"邀请函"文档。

STEP 02 将插入点定位到文本"活动时间"开头处，打开【插入】选项卡，在【符号】组中单击【符号】按钮，从弹出的菜单中选择【其他符号】命令。

STEP 03 打开【符号】对话框的【符号】选项卡，在【字体】下拉列表框中选择 Wingdings 选项，在其下的列表框中选择手指形状符号，然后单击【插入】按钮，如图 2-17 所示。

STEP 04 将插入点定位到文本"活动地点"开头处，返回到【符号】对话框，单击【插入】按钮，继续插入手指形状符号。

STEP 05 单击【关闭】按钮，关闭【符号】对话框，此时在文档中显示所插入的符号，如图 2-18 所示。

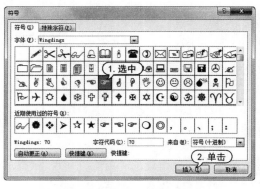

图 2-17 【符号】对话框

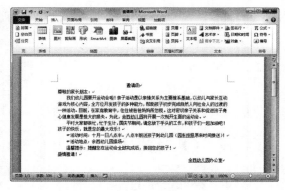

图 2-18 显示符号

STEP 06 将插入点定位在文本"温馨提示"开头处，打开【加载项】选项卡，在【菜单命令】组中单击【特殊符号】按钮。

STEP 07 打开【插入特殊符号】对话框的【特殊符号】选项卡，在其中选择"空心五角星"特殊符号，单击【确定】按钮，插入该特殊符号，如图 2-19 和图 2-20 所示。

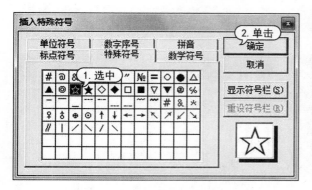

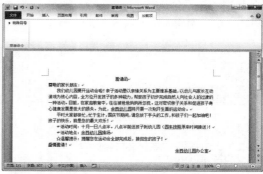

图 2-19　选中特殊符号　　　　　　　　　　图 2-20　插入特殊符号

STEP 08 在快速访问工具栏中单击【保存】按钮，保存修改后的"邀请函"文档。

2.2.3　输入日期和时间

在 Word 2010 中输入日期类的格式的文本时，Word 2010 会自动显示默认格式的当前日期，按 Enter 键即可完成当前日期的输入。如果要输入其他格式的日期，除了可以手动输入外，还可以通过【日期和时间】对话框进行插入。

【例 2-5】 在"邀请函"文档中输入日期和时间。📹 视频+素材

STEP 01 启动 Word 2010 应用程序，打开"邀请函"文档。

STEP 02 将插入点定位在文档末尾，按 Enter 键换行。

STEP 03 打开【插入】选项卡，在【文本】组中单击【日期和时间】按钮。打开【日期和时间】对话框，在【语言(国家/地区)】下拉列表框中选择【中文(中国)】选项，在【可用格式】列表框中选择第 3 种日期格式，单击【确定】按钮，插入该日期，如图 2-21 所示。

STEP 04 此时在文档插入点位置将显示插入的日期，将插入点定位在日期开头处，按空格键，将日期文本移动至正文的右下角，如图 2-22 所示。

图 2-21　【日期和时间】对话框 1　　　　　　图 2-22　插入日期

STEP 05 将插入点定位在文本"活动时间：十月一日八点半"后，使用同样的方法，打开【日期和时间】对话框，选择一种时间格式，单击【确定】按钮，将其插入到文档中，如图 2-23 所示。

STEP 06 将插入定位在文本"上午 8 时 30 分"前，按 3 下 Backspace 键，将文本"八点半"删除，如图 2-24 所示。

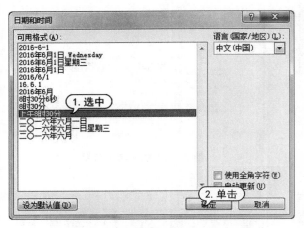

图 2-23 【日期和时间】对话框 2

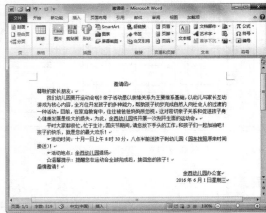

图 2-24 插入时间

STEP 07 在快速访问工具栏中单击【保存】按钮，保存修改后的"邀请函"文档。

> **知识点滴**
>
> 在【日期和时间】对话框中，选中【自动更新】复选框，可对插入的日期和时间进行自动更新，即在每次打印之前 Word 都会自动更新日期和时间，以保证打印出的时间总是最新的。选中【使用全角字符】复选框，可以全角方式显示插入的日期和时间。

2.3 编辑文本操作

文档录入过程中，通常需要对文本进行选取、复制、移动、删除、查找和替换等操作。熟练地掌握这些操作，可以节省大量的时间，提高文档编辑工作的效率。

2.3.1 选取文本

在 Word 2010 中进行文本编辑操作之前，必须选取或选中操作的文本。选取文本既可以使用鼠标，也可以使用键盘，还可以鼠标和键盘结合进行。

1. 使用鼠标选取文本

使用鼠标选择文本是最基本、最常用的方法。

▽ 拖动选择：将鼠标指针定位在起始位置，按住鼠标左键不放，向目的位置拖动鼠标即可选择文本。

▽ 单击选择：将鼠标光标移到要选定行的左侧空白处，当鼠标光标变成形状时，单击鼠标即可选择该行文本内容。

▽ 双击选择：将鼠标光标移到文本编辑区左侧，当鼠标光标变成形状时，双击鼠标左键，即可选择该段的文本内容；将鼠标光标定位到词组中间或左侧，双击鼠标即可选择该单

字或词组。

▽ 三击选择：将鼠标光标定位到要选择的段落，三击鼠标选中该段的所有文本；将鼠标光标移到文档左侧空白处，当光标变成♫形状时，三击鼠标选中整篇文档。

2. 使用键盘选取文本

使用键盘选择文本时，需先将插入点移动到要选择的文本的开始位置，然后按键盘上相应的快捷键即可，如表 2-1 所示。

表 2-1 键盘快捷键

快捷键	作　用
Shift＋→	选择光标右侧的一个字符
Shift＋←	选择光标左侧的一个字符
Shift＋↑	选择光标位置至上一行相同位置之间的文本
Shift＋↓	选择光标位置至下一行相同位置之间的文本
Shift＋Home	选择光标位置至行首
Shift＋End	选择光标位置至行尾
Shift＋PageDown	选择光标位置至下一屏之间的文本
Shift＋PageUp	选择光标位置至上一屏之间的文本
Ctrl＋Shift＋Home	选择光标位置至文档开始之间的文本
Ctrl＋Shift＋End	选择光标位置至文档结尾之间的文本
Ctrl＋A	选中整篇文档

3. 使用键盘＋鼠标选取文本

使用鼠标和键盘结合的方式，不仅可以选择连续的文本，还可以选择不连续的文本。

▽ 选择连续的较长文本：将插入点定位到要选择区域的开始位置，按住 Shift 键不放，再移动光标至要选择区域的结尾处，单击鼠标左键即可选择该区域之间的所有文本内容。

▽ 选取不连续的文本：选取任意一段文本，按住 Ctrl 键，再拖动鼠标选取其他文本，即可同时选取多段不连续的文本。

▽ 选取整篇文档：按住 Ctrl 键不放，将光标移到文本编辑区左侧空白处，当光标变成♫形状时，单击鼠标左键即可选取整篇文档。

▽ 选取矩形文本：将插入点定位到开始位置，按住 Alt 键并拖动鼠标，即可选取矩形文本。

2.3.2 移动和复制文本

在文档中经常需要重复输入文本时，可以使用移动或复制文本的方法进行操作，以节省时间，加快输入和编辑的速度。

1. 移动文本

移动文本是指将当前位置的文本移到另外的位置，在移动的同时，会删除原来位置上的原版文本。

移动文本的方法如下。

▽ 选择需要移动的文本,按 Ctrl＋X 组合键剪切文本,在目标位置处按 Ctrl＋V 组合键粘贴文本。

▽ 选择需要移动的文本,在【开始】选项卡的【剪贴板】组中单击【剪切】按钮,在目标位置处单击【粘贴】按钮。

▽ 选择需要移动的文本,按下鼠标右键拖动至目标位置,松开鼠标后弹出一个快捷菜单,选择【移动到此位置】命令。

▽ 选择需要移动的文本,右击,在弹出的快捷菜单中选择【剪切】命令,在目标位置处右击,在弹出的快捷菜单中选择【粘贴】命令。

▽ 选择需要移动的文本,按下鼠标左键不放,此时鼠标光标变为形状,并出现一条虚线,移动鼠标光标,当虚线移动到目标位置时,释放鼠标即可。

2. 复制文本

文本的复制是指将复制的文本移动到其他的位置,而原版文本仍然保留在原来的位置。复制文本的方法如下。

▽ 选取需要复制的文本,按 Ctrl＋C 组合键,把插入点移到目标位置,再按 Ctrl＋V 组合键。

▽ 选择需要复制的文本,在【开始】选项卡的【剪贴板】组中单击【复制】按钮,将插入点移到目标位置处,单击【粘贴】按钮。

▽ 选取需要复制的文本,按下鼠标右键拖动到目标位置,松开鼠标会弹出一个快捷菜单,选择【复制到此位置】命令。

▽ 选取需要复制的文本,右击,从弹出的快捷菜单中选择【复制】命令,把插入点移到目标位置,右击,从弹出的快捷菜单中选择【粘贴】命令。

2.3.3 查找和替换文本

在篇幅比较长的文档中,使用 Word 2010 提供的查找与替换功能可以快速地找到文档中某个信息或更改全文中多次出现的词语,从而无需反复地查找文本,使操作变得较为简单,节约办公时间,提高工作效率。

【例 2-6】 在“邀请函”文档中,查找文本“运动会”,并将其替换为“亲子运动会”。 视频+素材

STEP 01 启动 Word 2010 应用程序,打开“邀请函”文档。

STEP 02 在【开始】选项卡的【编辑】组中单击【查找】按钮,打开导航窗格。在【导航】文本框中输入文本“运动会”,此时 Word 2010 自动在文档编辑区中以黄色高亮显示所查找到的文本,如图 2-25 所示。

STEP 03 在【开始】选项卡的【编辑】组中,单击【替换】按钮,打开【查找和替换】对话框。自动打开【替换】选项卡,此时【查找内容】文本框中显示文本“运动会”,在【替换为】文本框中输入文本“亲子运动会”,单击【全部替换】按钮,如图 2-26 所示。

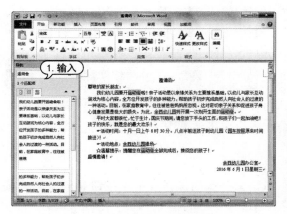

图 2-25　输入查找的文本

图 2-26　【查找和替换】对话框

STEP 04 此时系统打开提示对话框，单击【是】按钮，执行全部替换操作，如图 2-27 所示。

STEP 05 替换完成后，打开完成替换提示框，单击【确定】按钮，如图 2-28 所示。

图 2-27　单击【是】按钮

图 2-28　单击【确定】按钮

STEP 06 回至【查找和替换】对话框，单击【关闭】按钮，返回文档窗口，查看替换的文本，如图 2-29 所示。

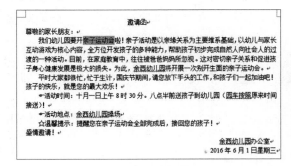

图 2-29　查看替换的文本

> **实用技巧**
>
> 查找和替换只能替换文档中的文本部分，图片上的文本无法查找和替换。

2.3.4　删除文本

删除文本的操作方法如下。

▽ 按 BackSpace 键，删除光标左侧的文本；按 Delete 键，删除光标右侧的文本。

▽ 选择需要删除的文本，在【开始】选项卡的【剪贴板】组中，单击【剪切】按钮 即可。

▽ 选择文本，按 BackSpace 键或 Delete 键均可删除所选文本。

此外，Word 2010 状态栏中有【改写】和【插入】两种状态。在改写状态下，输入的文本将会覆盖其后的文本,而在插入状态下,会自动将插入位置后的文本向后移动。Word 默认的状态是插入,若要更改状态,可以在状态栏中单击【插入】按钮 插入,此时将显示【改写】按钮 改写,再次单击该按钮,返回至插入状态。按 Insert 键,同样可以在这两种状态下切换。

2.3.5 撤销和恢复操作

编辑文档时,Word 2010 会自动记录最近执行的操作,因此当操作错误时,可以通过撤销功能将错误操作撤销。如果误撤销了某些操作,还可以使用恢复操作将其恢复。

1. 撤销操作

常用的撤销操作有以下两种。

▽ 在快速访问工具栏中单击【撤销】按钮 ↶,撤销上一次的操作。单击按钮右侧的下拉按钮,可以在弹出列表中选择要撤销的操作。

▽ 按 Ctrl+Z 组合键,撤销最近的操作。

2. 恢复操作

恢复操作用来还原撤销操作,恢复撤销以前的文档。常用的撤销操作有以下两种。

▽ 在快速访问工具栏中单击【恢复】按钮 ↷,恢复操作。

▽ 按 Ctrl+Y 组合键,恢复最近的撤销操作,这是 Ctrl+Z 的逆操作。

2.4 设置文本和段落格式 》

在 Word 2010 中,为了使文档更加美观、条理更加清晰,用户可以对文本格式和段落格式进行编辑。

2.4.1 设置字体格式

在 Word 文档中输入的文本默认字体为宋体,默认字号为五号,为了使文档更加美观、条理更加清晰,通常需要对文本进行格式化操作,如设置字体、字号、字体颜色、字形、字体效果和字符间距等。

1. 使用【字体】组

选中要设置格式的文本,在功能区中打开【开始】选项卡,使用【字体】组中提供的按钮即可设置文本格式。

如图 2-30 所示的【字体】组中按钮可以快捷的格式化文本,其中比较常用的按钮作用如下。

▽ 字体:指文字的外观,Word 2010 提供了多种字体,默认字体为宋体。

▽ 字形:指文字的一些特殊外观,例如加粗、倾斜、下划线、上标和下标等,单击【删除线】按钮 ab,可以为文本添加删除线效果。

▽ 字号:指文字的大小,Word 2010 提供了多种字号。

▽ 字符边框:为文本添加边框,带圈字符按钮可为字符添加圆圈效果。

▽ 文本效果:为文本添加特殊效果,单击该按钮,从弹出的菜单中可以为文本设置轮廓、阴影、映像和发光等效果。

▽ 字体颜色:指文字的颜色,单击【字体颜色】按钮右侧的下拉箭头,在弹出的菜单中选择需要的颜色。

▽ 字符缩放：增大或者缩小字符。
▽ 字符底纹：为文本添加底纹效果。

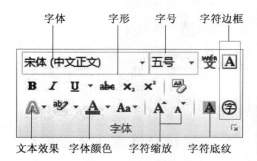

图 2-30　【字体】组

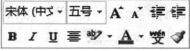

图 2-31　浮动工具栏

2. 使用浮动工具栏

选中要设置格式的文本，此时选中文本区域的右上角将出现浮动工具栏，使用工具栏提供的命令按钮可以进行文本格式的设置，如图 2-31 所示。

3. 使用【字体】对话框

打开【开始】选项卡，单击【字体】对话框启动器，打开【字体】对话框，即可进行文本格式的相关设置。其中，【字体】选项卡可以设置字体、字形、字号、字体颜色和效果等，【高级】选项卡可以设置文本之间的间隔距离和位置，如图 2-32 和图 2-33 所示。

图 2-32　【字体】选项卡

图 2-33　【高级】选项卡

【例 2-7】 创建"我和大奖有个约会"文档，在其中输入文本，并设置文本格式。 视频+素材

STEP 01 启动 Word 2010 应用程序，新建名为"我和大奖有个约会"文档，并输入文本内容。

STEP 02 选中正标题文本"我和大奖有个约会"，打开【开始】选项卡。在【字体】组中单击【字体】下拉按钮，在弹出的下拉列表框中选择【方正粗倩简体】选项；单击【字号】下拉按钮，在弹出的下拉列表框中,选择【二号】选项;单击【字体颜色】下拉按钮,从弹出的颜色面板中选择【红色】色块,如图 2-34 所示。

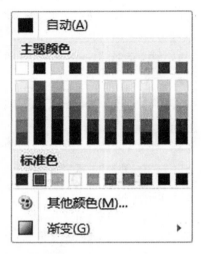

图 2-34 设置字体、字号、字体颜色

STEP 03 单击【加粗】按钮 B,此时标题文本效果如图 2-35 所示。

STEP 04 选中副标题文本"——萌饰异族官方旗舰店",打开浮动工具栏,在【字体】下拉列表框中选择【汉仪中圆简】选项,在【字号】下拉列表框中选择【三号】选项,然后单击【加粗】和【倾斜】按钮,如图 2-36 所示。

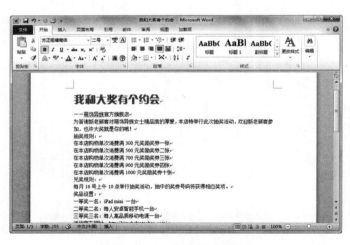

图 2-35 显示标题文本效果　　　　**图 2-36 使用浮动工具栏**

STEP 05 选中第 10 段正文文本,打开【开始】选项卡,在【字体】组中单击对话框启动器按钮,打开【字体】对话框,如图 2-37 所示。

STEP 06 打开【字体】选项卡,单击【中文字体】下拉按钮,从弹出的列表框中选择【微软雅黑】选项;在【字形】列表框中选择【加粗】选项;在【字号】列表框中选择【四号】选项;单击【字体颜色】下拉按钮,在弹出的颜色面板中选择【深红】色块,单击【确定】按钮,如图 2-38 所示。

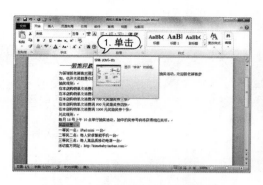

图 2-37　单击对话框启动器按钮

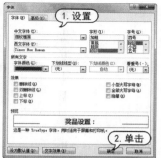

图 2-38　【字体】选项卡

STEP 07 在【字体】组中单击【文本效果】按钮，从弹出的菜单中选择【映像】|【紧密映像，4pt 偏移量】选项，为文本应用效果，如图 2-39 所示。

STEP 08 使用同样的方法，设置最后一段文本字体为【华文新魏】，字号为【四号】，字体颜色为【深蓝】，效果如图 2-40 所示。

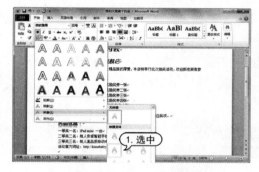

图 2-39　选择文本效果

在本店购物单次消费满 900 元奖励奖券四张
在本店购物单次消费满 1000 元奖励奖券十张
兑奖规则：
每月 16 号上午 10 点举行抽奖活动，抽中的奖券号码将获得相应奖项。
奖品设置：
一等奖一名：iPad mini 一台
二等奖二名：每人安卓智能手机一台
三等奖三名：每人高品质移动电源一台
活动官方网址：http://kimebaby.taobao.com/

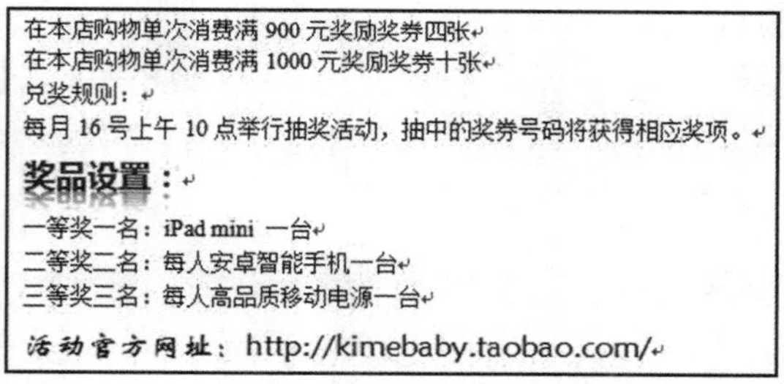

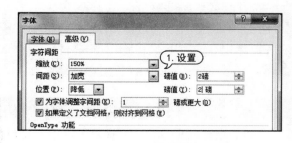

图 2-40　设置字体

STEP 09 选中正标题文本“我和大奖有个约会”，在【开始】选项卡中单击【字体】对话框启动器，打开【字体】对话框，打开【高级】选项卡，在【缩放】下拉列表框中选择 150%选项，在【间距】下拉列表框中选择【加宽】选项，并在其后的【磅值】微调框中输入“2 磅”；在【位置】下拉列表中选择【降低】选项，并在其后的【磅值】微调框中输入“2 磅”，单击【确定】按钮，完成字符间距设置，如图 2-41 所示。

STEP 10 使用同样的方法，设置副标题文本的缩放比例为 80%，字符间距为加宽、3 磅，然后调整副标题文本的位置，效果如图 2-42 所示。

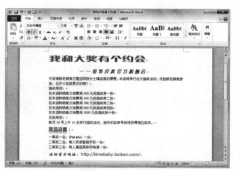

图 2-41　设置字符间距

图 2-42　文本效果

轻松学电脑教程系列

STEP 11 在快速访问工具栏中单击【保存】按钮，保存修改后的文档。

 2.4.2 设置段落对齐方式

段落对齐指文档边缘的对齐方式，包括两端对齐、居中对齐、左对齐、右对齐和分散对齐。

▽ 两端对齐：为系统默认设置，两端对齐时文本左右两端均对齐，但是段落最后不满一行的文字右边是不对齐的。

▽ 左对齐：文本的左边对齐，右边参差不齐。

▽ 右对齐：文本的右边对齐，左边参差不齐。

▽ 居中对齐：文本居中排列。

▽ 分散对齐：文本左右两边均对齐，且每个段落的最后一行不满一行时，将拉开字符间距使该行均匀分布。

设置段落对齐方式时，先选定要对齐的段落，或将插入点定位到新段落的任意位置，然后通过单击【开始】选项卡的【段落】组（或浮动工具栏）中的相应按钮来实现，也可以通过【段落】对话框来实现。使用【段落】组是最快捷方便也是最常使用的方法。

【例 2-8】 在"我和大奖有个约会"文档中，设置段落对齐方式。 📹视频+素材

STEP 01 启动 Word 2010 应用程序，打开"我和大奖有个约会"文档。

STEP 02 选取正标题，在弹出的浮动工具栏中单击【居中】按钮，设置居中对齐，如图 2-43 所示。

STEP 03 将插入点定位在副标题段，在【开始】选项卡的【段落】组中单击【居中】按钮，设置居中对齐显示，如图 2-44 所示。

图 2-43　使用浮动工具栏

图 2-44　单击【居中】按钮

⚙ **实用技巧**

按 Ctrl＋E 组合键，可以设置段落居中对齐；按 Ctrl＋Shift＋J 组合键，可以设置段落分散对齐；按 Ctrl＋L 组合键，可以设置段落左对齐；按 Ctrl＋R 组合键，可以设置段落右对齐；按 Ctrl＋J 组合键，可以设置段落两端对齐。

 2.4.3 设置段落缩进

段落缩进是指设置段落中的文本与页边距之间的距离。Word 2010 提供了以下 4 种段落缩进的方式。

▽ 左缩进：设置整个段落左边界的缩进位置。

▽ 右缩进：设置整个段落右边界的缩进位置。

▽ 悬挂缩进：设置段落中除首行以外的其他行的起始位置。

▽ 首行缩进：设置段落中首行的起始位置。

用户一般可以用标尺或者【段落】对话框设置段落缩进。

1. 使用标尺设置缩进量

通过水平标尺可以快速设置段落的缩进方式及缩进量。水平标尺中包括首行缩进、悬挂缩进、左缩进和右缩进 4 个标记，拖动各标记就可以设置相应的段落缩进方式，如图 2-45 所示。

使用标尺设置段落缩进时，先在文档中选择要改变缩进的段落，然后拖动缩进标记到缩进位置，可以使某些行缩进。在拖动鼠标时，整个页面上出现一条垂直虚线，以显示新边距的位置。在使用水平标尺格式化段落时，按住 Alt 键不放，使用鼠标拖动标记，水平标尺上将显示具体的度量值，用户可以根据该值控制缩进量。

2. 使用【段落】对话框设置缩进量

使用【段落】对话框可以准确地设置缩进尺寸。打开【开始】选项卡，在【段落】组中单击对话框启动器，打开【段落】对话框的【缩进和间距】选项卡，在【缩进】选项区域中可以设置段落缩进，如图 2-46 所示。

图 2-45　水平标尺

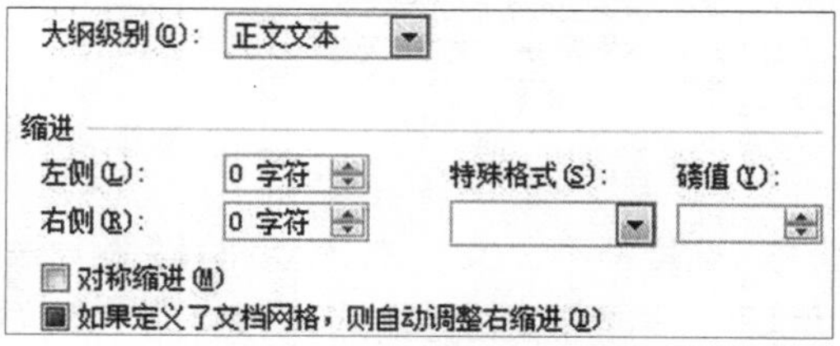

图 2-46　【段落】组

【例 2-9】　在"我和大奖有个约会"文档中，设置部分文本段落的首行缩进 2 个字符。

STEP 01　启动 Word 2010 应用程序，打开"我和大奖有个约会"文档。

STEP 02　选取正文第一段文本，打开【开始】选项卡，在【段落】组中单击对话框启动器按钮，打开【段落】对话框。打开【缩进和间距】选项卡，在【段落】选项区域的【特殊格式】下拉列表中选择【首行缩进】选项，并在【磅值】微调框中输入"2 字符"，单击【确定】按钮，如图 2-47 所示。

STEP 03　完成设置，此时段落缩进效果如图 2-48 所示。

图 2-47　设置段落缩进

图 2-48　显示效果

2.4.4　设置段落间距

段落间距的设置包括对文档行间距与段间距的设置。其中,行间距是指段落中行与行之间的距离;段间距是指前后相邻的段落之间的距离。

Word 2010 默认的行间距值是单倍行距。打开【段落】对话框的【缩进和间距】选项卡,在【行距】下拉列表中选择【单倍行距】选项,并在【设置值】微调框中输入值,可以重新设置行间距;在【段前】和【段后】微调框中输入不同的值,可以设置段间距。

【例 2-10】 在"我和大奖有个约会"文档中,设置段落间距。🎬视频+素材

STEP 01 启动 Word 2010 应用程序,打开"我和大奖有个约会"文档。

STEP 02 将插入点定位在副标题段落,打开【开始】选项卡,在【段落】组中单击对话框启动器📷,打开【段落】对话框,打开【缩进和间距】选项卡,在【间距】选项区域中的【段前】和【段后】微调框中输入"0.5 行",单击【确定】按钮,效果如图 2-49 所示。

图 2-49　设置段落间距

STEP 03 选取所有正文文本,使用同样的方法打开【段落】对话框的【缩进和间距】选项卡,在【行距】下拉列表中选择【固定值】选项,在其后的【设置值】微调框中输入"18 磅",单击【确定】按钮完成行距的设置,如图 2-50 所示。

STEP 04 使用同样的方法,设置第 2 段、第 8 段和第 10 段文本的段前、段后间距均为【0.5 行】,效果如图 2-51 所示。

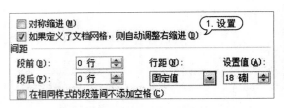

图 2-50　设置行距

图 2-51　显示效果

2.5　设置项目符号和编号 ▶

在 Word 2010 中使用项目符号和编号列表,可以对文档中并列的项目进行组织,或者对

顺序的内容进行编号,以使这些项目的层次结构更有条理。

2.5.1　添加项目符号和编号

Word 2010 提供了自动添加项目符号和编号的功能。在以"1."、"(1)"、"a"等字符开始的段落中按下 Enter 键,下一段开头将会自动出现"2."、"(2)"、"b"等字符。也可以在输入文本之后,选中要添加项目符号或编号的段落,打开【开始】选项卡,在【段落】组中单击【项目符号】按钮,系统将自动在每一段落前面添加项目符号;单击【编号】按钮,将以"1."、"2."、"3."的形式为各文本段编号。

【例 2-11】 在"我和大奖有个约会"文档中,添加项目符号和编号。 视频+素材

STEP 01 启动 Word 2010 应用程序,打开"我和大奖有个约会"文档。

STEP 02 选取第 3～第 7 段文本,打开【开始】选项卡,在【段落】组中单击【编号】下拉按钮,从列表框中选择一种编号样式,如图 2-52 所示。

STEP 03 此时,系统将根据所选的编号样式,自动为所选段落添加编号,效果如图 2-53 所示。

图 2-52　选择编号

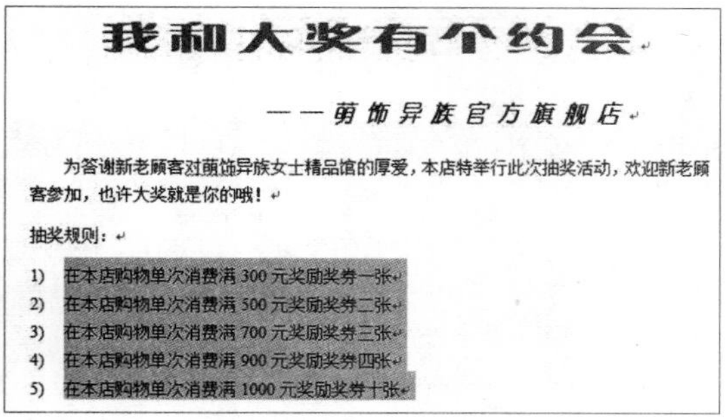

图 2-53　显示效果

STEP 04 选取第 11～第 13 段文本,在【段落】组中单击【项目符号】下拉按钮,从弹出的列表框中选择一种项目符号样式,为段落自动添加项目符号,如图 2-54 所示。

图 2-54　添加项目符号

实用技巧

在创建项目符号或编号的段后,按下 Enter 键;会自动生成项目符号或编号,输入文本,再按下 Enter 键继续自动生成项目符号或编号。要结束自动创建项目符号或编号,可以连续按两次 Enter 键,也可以按 BackSpace 键删除新创建的项目符号或编号。

轻松学电脑教程系列

2.5.2 自定义项目符号和编号

用户除了可以使用系统自带的项目符号和编号样式外,还可以对项目符号和编号进行自定义设置,以满足不同用户的需求。

1. 自定义项目符号

选取项目符号段落,打开【开始】选项卡,在【段落】组中单击【项目符号】下拉按钮▦▾,从弹出的快捷菜单中选择【定义新项目符号】命令,打开【定义新项目符号】对话框,在该对话框中可以自定义一种新项目符号。

【例 2-12】 在"我和大奖有个约会"文档中,自定义项目符号。🎬视频+素材

STEP 01 启动 Word 2010 应用程序,打开"我和大奖有个约会"文档。

STEP 02 选取项目符号段,打开【开始】选项卡,在【段落】组中单击【项目符号】下拉按钮▦▾,从弹出的下拉菜单中选择【定义新项目符号】命令,如图 2-55 所示。

STEP 03 打开【定义新项目符号】对话框,单击【图片】按钮,如图 2-56 所示。

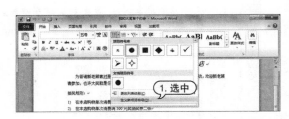
图 2-55　选择【定义新项目符号】命令

图 2-56　单击【图片】按钮

STEP 04 打开【图片项目符号】对话框。在该对话框中显示了许多图片项目符号,用户可以根据需要选择图片,单击【确定】按钮,如图 2-57 所示。

图 2-57　【图片项目符号】对话框

实用技巧

在【图片项目符号】对话框中,可单击【导入】按钮,打开【将剪辑添加到管理器】对话框,选中图片,单击【添加】按钮,将自己喜欢的图片添加到图片项目符号中。

STEP 05 返回至【定义新项目符号】对话框,在【预览】选项区域中查看项目符号的效果,满意后,单击【确定】按钮,如图 2-58 所示。

STEP 06 返回至文档窗口,此时在文档中将显示自定义的图片项目符号,如图 2-59 所示。

图 2-58　查看效果

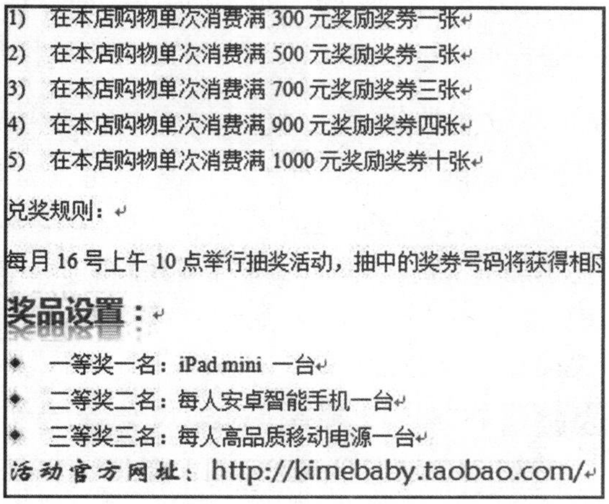

1) 在本店购物单次消费满 300 元奖励奖券一张
2) 在本店购物单次消费满 500 元奖励奖券二张
3) 在本店购物单次消费满 700 元奖励奖券三张
4) 在本店购物单次消费满 900 元奖励奖券四张
5) 在本店购物单次消费满 1000 元奖励奖券十张

兑奖规则:

每月 16 号上午 10 点举行抽奖活动,抽中的奖券号码将获得相应

奖品设置:

◆　一等奖一名:iPad mini 一台
◆　二等奖二名:每人安卓智能手机一台
◆　三等奖三名:每人高品质移动电源一台

活动官方网址:http://KIMEBABY.taobao.com/

图 2-59　显示项目符号

STEP 07 在快速访问工具栏中单击【保存】按钮,保存修改后的文档。

2. 自定义编号

选取编号段落,打开【开始】选项卡,在【段落】组中单击【编号】下拉按钮,从弹出的下拉菜单中选择【定义新编号格式】命令,打开【定义新编号格式】对话框。在【编号样式】下拉列表中选择一种编号的样式;单击【字体】按钮,可以在打开的【字体】对话框中设置项目编号的字体格式;在【对齐方式】下拉列表中选择编号的对齐方式,如图 2-60 所示。

在【开始】选项卡的【段落】组中单击【编号】按钮,从弹出的下拉菜单中选择【设置编号值】命令,打开【起始编号】对话框,可以自定义编号的起始数值,如图 2-61 所示。

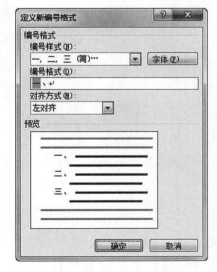

图 2-60　【定义新编号格式】对话框

图 2-61　【起始编号】对话框

2.6　设置边框和底纹

在使用 Word 2010 进行文字处理时，为了使文档更加引人注目，可根据需要为文字和段落添加各种各样的边框和底纹，以增加文档的生动性和实用性。

2.6.1　设置边框

Word 2010 提供了多种边框供用户选择，可以为字符、段落、整个页面设置边框。

1. 为文字或段落设置边框

选择要添加边框的文本或段落，在【开始】选项卡的【段落】组中单击【下框线】下拉按钮 ，在弹出的菜单中选择【边框和底纹】命令，打开【边框和底纹】对话框的【边框】选项卡，在其中进行相关设置。

【例 2-13】 在"我和大奖有个约会"文档中，为文本和段落设置边框。 ◎视频+素材

STEP 01 启动 Word 2010 应用程序，打开"我和大奖有个约会"文档。

STEP 02 选取所有的文本，打开【开始】选项卡，在【段落】组中单击【下框线】下拉按钮，在弹出的菜单中选择【边框和底纹】命令，打开【边框和底纹】对话框。打开【边框】选项卡，在【设置】选项区域中选择【三维】选项；在【样式】列表框中选择一种线型样式；在【颜色】下拉列表框中选择【橙色】色块，单击【确定】按钮，如图 2-62 所示。

STEP 03 此时，即可为文档中所有段落添加边框效果，如图 2-63 所示。

图 2-62　设置边框 1

图 2-63　显示效果 1

STEP 04 选取最后一段文本，使用同样的方法，打开【边框和底纹】对话框的【边框】选项卡，在【设置】选项区域中选择【方框】选项；在【样式】列表框中选择一种样式；在【颜色】下拉列表框中选择【深红】色块，单击【确定】按钮，如图 2-64 所示。

STEP 05 此时即可在该段文本上添加边框效果，如图 2-65 所示。

2. 设置页面边框

设置页面边框可以使打印出的文档更加美观。

打开【边框和底纹】对话框的【页面边框】选项卡，在【艺术型】下拉列表中选择一种艺术型样式后，单击【确定】按钮，即可为页面应用艺术型边框，如图 2-66 所示。

图 2-64　设置边框 2

图 2-65　显示效果 2

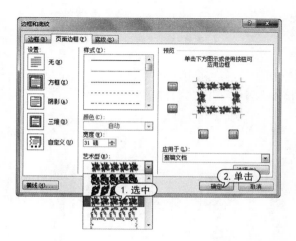

图 2-66　设置页面边框

2.6.2　设置底纹

设置底纹不同于设置边框，底纹只能对文字、段落添加，而不能对页面添加。

打开【边框和底纹】对话框的【底纹】选项卡，在其中对填充的颜色和图案等进行相关设置，在【应用于】下拉列表中可以设置添加底纹的对象：文本或段落。

【例 2-14】 在"我和大奖有个约会"文档中，为文本和段落设置底纹。 视频+素材

STEP 01　启动 Word 2010 应用程序，打开"我和大奖有个约会"文档。

STEP 02　选取第 2 段和第 8 段文本，打开【开始】选项卡，在【字体】组中单击【以不同颜色突出显示文本】下拉按钮，选择【红色】选项，即可快速为文本添加红色底纹，如图 2-67 所示。

STEP 03　选取所有的文本，打开【开始】选项卡，在【段落】组中单击【下框线】下拉按钮，在弹出的菜单中选择【边框和底纹】命令，打开【边框和底纹】对话框。打开【底纹】选项卡，单击【填充】下拉按钮，从弹出的颜色面板中选择【橙色】色块，然后单击【确定】按钮，如图 2-68 所示。

图 2-67　选择【红色】选项

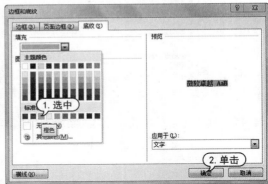

图 2-68　【底纹】选项卡

STEP 04　此时,即可为文档中所有段落添加一种橙色的底纹,如图 2-69 所示。

STEP 05　使用同样的方法,为第 11～第 13 段括号文本添加【深红】底纹,如图 2-70 所示。

图 2-69　显示段落底纹

图 2-70　添加文本底纹

2.7　案例演练

　　本章的案例演练为制作和排版"开幕式解说"文档,用户通过练习可以巩固本章所学知识。

【例 2-15】　新建"开幕式解说"文档,输入并设置文本和段落。 视频+素材

STEP 01　启动 Word 2010 应用程序,新建一个空白文档。

STEP 02　将其命名为"开幕式解说"保存,然后在其中输入文本,如图 2-71 所示。

STEP 03　选取标题文本"创意,点亮'名城之光'",在【开始】选项卡中单击【字体】对话框启动器，打开【字体】对话框。在【字体】选项卡中设置标题字体为【黑体】,字号为【二号】,字体颜色为【深红】,如图 2-72 所示。

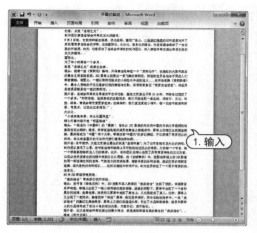

图 2-71　输入文本

图 2-72　设置文本 1

STEP 04　打开【高级】选项卡,设置标题文本字符间距为加宽、3 磅,单击【确定】按钮,如图 2-73 所示。

STEP 05　在【开始】选项卡【段落】组中单击【居中】按钮,设置标题文本居中对齐。

STEP 06　选取副标题文本,在【开始】选项卡的【字体】组的【字体】下拉列表中选择【华文楷体】选项,在【字号】下拉列表中选择【三号】选项,单击【字体颜色】按钮 ▲ 右侧的小三角按钮,从弹出的列表中选择【橙色,强调文字颜色 6】色块;在【段落】组中,单击【文本右对齐】按钮,为标题文本设置文本格式,如图 2-74 所示。

图 2-73　设置字符间距

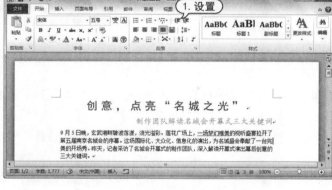

图 2-74　设置文本 2

STEP 07　使用同样的方法,设置"国际化"、"大众化"和"信息化"下的文本段的字体为【华文中宋】,字号为【四号】,字体颜色为【深蓝】;设置前两段的文本字形为【加粗】、【倾斜】;设置最后一段文本字号为【小五】,字形为【加粗】,如图 2-75 所示。

STEP 08　选中所有的文本,在【开始】选项卡的【段落】组中单击对话框启动器,打开【段落】对话框的【缩进和间距】选项卡,在【特殊格式】下拉列表中选择【首行缩进】选项,其后的【磅值】微调框中自动显示"2 字符",单击【确定】按钮,如图 2-76 所示。

轻松学 电脑教程系列

图 2-75　设置文本 3

图 2-76　设置段落缩进

STEP 09 将插入点定位在"国际化"下的第 2 段文本,使用同样的方法,打开【缩进和间距】选项卡,在【间距】选项区域的【段后】微调框中输入"0.5 行",单击【确定】按钮,设置段后间距为 0.5 行,如图 2-77 所示。

图 2-77　设置段落间距

STEP 10 使用同样的方法,设置"大众化"和"信息化"下的第 2 段文本的段后间距为 0.5 行,最后一段的段前间距为 0.5 行,如图 2-78 所示。

STEP 11 选中第 2～第 16 段文本,打开【页面布局】选项卡,在【页面设置】组中单击【分栏】按钮,在弹出的快捷菜单中选择【更多分栏】命令。打开【分栏】对话框,在【预设】选项区域中选择【两栏】选项,保持选中【栏宽相等】复选框,选中【分隔线】复选框,单击【确定】按钮,如图 2-79 所示。

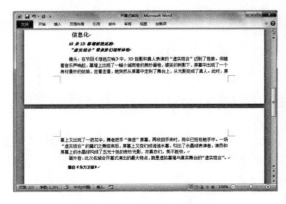

图 2-78　设置段落

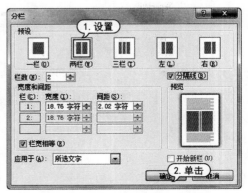

图 2-79　设置分栏

STEP 12 此时选中的 15 段文本将以两栏的形式显示,如图 2-80 所示。

STEP 13 选中"国际化"、"大众化"和"信息化"下的文本段,打开【开始】选项卡,在【段落】组中单击【下框线】下拉按钮，在弹出的菜单中选择【边框和底纹】命令,打开【边框和底纹】对话框。打开【底纹】选项卡,单击【填充】下拉按钮,从弹出的颜色面板中选择【红色,强调文字颜色 2,淡色 40%】色块,单击【确定】按钮,如图 2-81 所示。

图 2-80　显示分栏效果

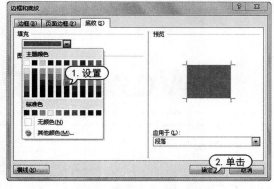

图 2-81　设置底纹

STEP 14 打开【页面布局】选项卡,在【页面背景】组中单击【页面边框】按钮,打开【边框和底纹】对话框。打开【页面边框】选项卡,在【艺术型】下拉列表框中选择需要的艺术样式,在【宽度】微调框中输入"20 磅",单击【确定】按钮,如图 2-82 所示。

STEP 15 此时将在整篇文档中显示设置的页面边框效果,如图 2-83 所示。

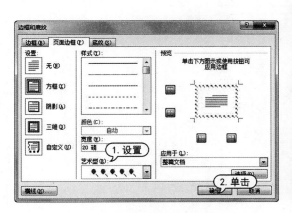

图 2-82　设置边框

图 2-83　显示效果

第 3 章

Word 图文版式设计

在 Word 文档中应用特定样式，插入表格、图形和图片，除了能使文档显得生动有趣外，还能帮助用户更快地理解内容。本章主要介绍在 Word 2010 中进行图文混排、设置特殊版式、页面设置等高级应用。

对应的光盘视频

3.1 使用表格

为了更形象地说明问题,常常需要在文档中制作各种各样的表格。Word 2010 提供了强大的表格制作功能,可以快速地创建与编辑表格。

3.1.1 插入表格

Word 2010 中可以使用多种方法来创建表格。

▽ 使用表格网格框创建表格:打开【插入】选项卡,单击【表格】组中的【表格】按钮,在弹出的菜单中会出现一个网格框。在其中,按下左键并拖动鼠标确定要创建表格的行数和列数,然后单击,即可创建一个规则表格,如图 3-1 所示。

▽ 使用对话框创建表格:打开【插入】选项卡,在【表格】组中单击【表格】按钮,在弹出的菜单中选择【插入表格】命令,打开【插入表格】对话框。在【列数】和【行数】微调框中可以指定表格的列数和行数,单击【确定】按钮即可,如图 3-2 所示。

图 3-1 使用表格网格框

图 3-2 【插入表格】对话框

▽ 绘制不规则表格:打开【插入】选项卡,在【表格】组中单击【表格】按钮,从弹出的菜单中选择【绘制表格】命令,此时鼠标光标变为∅形状,按住鼠标左键不放并拖动鼠标,会出现一个表格的虚框,待达到合适大小后,释放鼠标即可生成表格的边框,然后在表格边框的任意位置,用鼠标单击选择一个起点,按住鼠标左键不放并向右(或向下)拖动绘制出表格中的横线(或竖线),如图 3-3 所示。

▽ 插入内置表格:打开【插入】选项卡,在【表格】组中单击【表格】按钮,在弹出的菜单中选择【快速表格】命令的子命令即可,如图 3-4 所示。

图 3-3 绘制不规则表格

图 3-4 插入内置表格

轻松学 电脑教程系列

【例 3-1】 创建"课程表"文档,插入一个 11 行 7 列的表格。

STEP 01 启动 Word 2010 应用程序,新建一个名为"课程表"的文档,在插入点处输入表格标题"课程表",并设置字体为【隶书】,字号为【小一】,字体颜色为【红色,强调文字颜色 2】,文本居中对齐,如图 3-5 所示。

STEP 02 将插入点定位到表格标题下一行,打开【插入】选项卡,在【表格】组中单击【表格】按钮,从弹出的菜单中选择【插入表格】命令,如图 3-6 所示。

图 3-5　输入并设置文本

图 3-6　选择【插入表格】命令

STEP 03 打开【插入表格】对话框,在【列数】和【行数】文本框中分别输入 7 和 11,单击【确定】按钮,如图 3-7 所示。

STEP 04 此时即可在文档中插入一个 11×7 的规则表格,如图 3-8 所示。

图 3-7　【插入表格】对话框

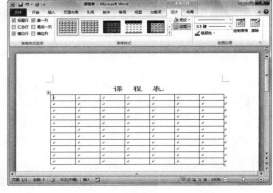

图 3-8　插入表格

3.1.2　编辑表格

　　表格创建完成后,还需要对其进行编辑修改操作,以满足不同的需要。Word 中编辑表格操作包括表格的编辑操作和表格内容的编辑操作,具体操作包括行与列的插入、删除、合并、拆分、高度/宽度的调整以及文本的输入等。

　　1. 选定行、列和单元格

　　对表格进行格式化之前,首先要选定表格编辑对象。

▽ 选定一个单元格:将鼠标移动至该单元格的左侧区域,当光标变为➴形状时,单击鼠标左键。

▽ 选定整行：将鼠标移动至该行的左侧，当光标变为⊿形状时，单击鼠标左键。

▽ 选定整列：将鼠标移动至该列的上方，当光标变为↓形状时，单击鼠标左键。

▽ 选定多个连续单元格：沿被选区域左上角向右下角拖拽鼠标。

▽ 选定多个不连续单元格：选取第 1 个单元格后，按住 Ctrl 键不放，再分别选取其他的单元格。

▽ 选定整个表格：移动鼠标到表格左上角图标⊹时，单击鼠标左键。

  2. 插入或删除行、列和单元格

  在 Word 2010 中，可以很方便地完成行、列和单元格的插入或删除操作。

▽ 插入行、列和单元格：打开【表格工具】的【布局】选项卡，在【行和列】组中单击相应的按
  钮插入行或列。也可以单击对话框启动器按钮▣，打开【插入单元格】对话框，在其中选
  中对应的单选按钮，单击【确定】按钮即可，如图 3-9 所示。

▽ 删除行、列和单元格：打开【表格工具】的【布局】选项卡，在【行和列】组中单击【删除】按
  钮，从弹出的菜单中的选择相应的命令，如图 3-10 所示。

图 3-9 【插入单元格】对话框

图 3-10 选择删除命令

  3. 拆分与合并单元格

  选取要拆分的单元格，打开【表格工具】的【布局】选项卡，在【合并】组中单击【拆分单元格】
按钮，打开【拆分单元格】对话框，在【列数】和【行数】文本框中分别输入需要拆分的列数和行数
即可，如图 3-11 所示。

图 3-11 打开【拆分单元格】对话框

  选取要合并的单元格，打开【表格工具】的【布局】选项卡，在【合并】组中单击【合并单元格】
按钮，此时 Word 就会删除所选单元格之间的边界，建立起一个新的单元格，并将原来单元格
的列宽和行高合并为当前单元格的列宽和行高。

  4. 调整表格的行高和列宽

  创建表格时，表格的行高和列宽都是默认值，而在实际工作中常常需要随时调整表格的行

高和列宽。在 Word 2010 中可以使用多种方法调整表格的行高和列宽。

▽ 自动调整：将插入点定位在表格内，打开【表格工具】的【布局】选项卡，在【单元格大小】组中单击【自动调整】按钮，从弹出的菜单中选择相应的命令，即可便捷地调整表格的行与列，如图 3-12 所示。

▽ 使用鼠标拖动进行调整：将插入点定位在表格内，将鼠标指针移动到需要调整的边框线上，待鼠标光标变成双向箭头 ↔ 或 ↔ 时，按下鼠标左键拖动即可。

▽ 使用对话框进行调整：将插入点定位在表格内，在【表格工具】的【布局】选项卡的【单元格大小】组中，单击对话框启动器按钮 ▣，打开【表格属性】对话框，在其中进行设置，如图 3-13 所示。

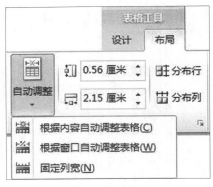

图 3-12　选择自动调整命令　　　　图 3-13　【表格属性】对话框

5. 在表格中输入内容

用户可以在表格的各个单元格中输入文字、插入图形，也可以对各单元格中的内容进行剪切和粘贴等操作，和在正文文本中所做的操作基本相同。

【例 3-2】　在"课程表"文档中，编辑表格内容。　　视频+素材

STEP 01　启动 Word 2010 应用程序，打开"课程表"文档。

STEP 02　选中第 1 行第 1 列的单元格到第 2 行第 2 列的单元格，打开【表格工具】的【布局】选项卡，在【合并】组中单击【合并单元格】按钮，将其合并为一个单元格，如图 3-14 所示。

STEP 03　使用同样的方法，合并其他需要合并的单元格，如图 3-15 所示。

图 3-14　合并单元格 1　　　　图 3-15　合并单元格 2

STEP 04 将插入点定位在第 1 行第 1 列的单元格中,打开【表格工具】的【设计】选项卡,在【绘图边框】组中单击【绘制表格】按钮,将鼠标指针移动到第一个单元格中,待鼠标指针变为铅笔形状"∥"时,拖动鼠标左键绘制斜线,单击结束,即可绘制出斜线表头,如图 3-16 所示。

STEP 05 将插入点定位在合并后的第 1 个单元格中,在斜线表头中输入文本内容,并按空格键将文本调整到合适的位置,如图 3-17 所示。

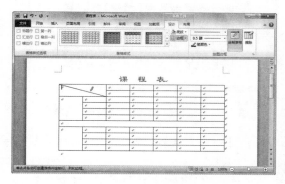

图 3-16 绘制斜线表头

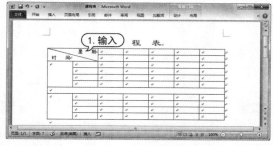

图 3-17 输入文本 1

STEP 06 将插入点定位到第 1 行第 2 列的单元格,输入表格文本,然后按 Tab 键,继续输入表格内容,如图 3-18 所示。

STEP 07 选取"上午"和"下午"两个单元格,右击,从弹出的快捷菜单中选择【文字方向】命令,打开【文字方向-表格单元格】对话框,选择垂直排列第二种方式,单击【确定】按钮,如图 3-19 所示。

图 3-18 输入文本 2

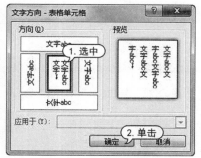

图 3-19 选择文字方向

实用技巧

在一个单元格中输入数据后,可以通过←、→、↑或↓键来切换到其他单元格中;按 Tab 键可以依次向后切换单元格,按 Shift+Tab 组合键可以依次向前切换单元格。

STEP 08 此时,文本将以竖排形式显示在单元格中,如图 3-20 所示。

STEP 09 选取整个表格,打开【表格工具】的【布局】选项卡,在【单元格大小】组中单击【自动调整】按钮,从弹出的菜单中选择【根据窗口调整表格】命令,调整表格的尺寸,如图 3-21 所示。

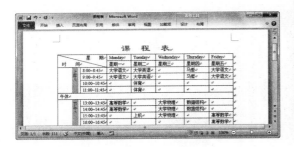

图 3-20 显示竖排文本

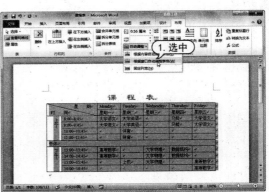

图 3-21 选择【根据窗口调整表格】命令

STEP 10 选中表格,打开【表格工具】的【布局】选项卡,在【对齐方式】组中单击【水平居中】按钮⬛,设置文本水平居中对齐,如图 3-22 所示。

STEP 11 选取第 1、2 和 7 行的文本和文本"上午"、"下午",打开【开始】选项卡,在【字体】组的【字体】下拉列表框中选择【华文中宋】选项,设置表格文本的字体,然后设置表头文本"星期"为【右对齐】,表头文本"时间"为【左对齐】,如图 3-23 所示。

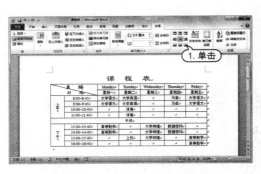

图 3-22 单击【水平居中】按钮

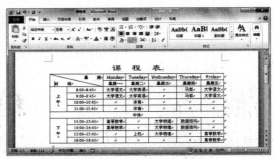

图 3-23 设置文本对齐

STEP 12 在快速访问工具栏中单击【保存】按钮⬛,保存"课程表"文档。

6. 设置表格样式

在制作表格时,用户可以通过功能区【表格工具】的【设计】选项卡的操作命令对表格外观进行设置,如应用表格样式、设置表格边框和底纹等,使表格结构更为合理,外观更为美观。

👉 **【例 3-3】** 在"课程表"文档中,设置表格的边框和底纹。

STEP 01 启动 Word 2010 应用程序,打开"课程表"文档。

STEP 02 将鼠标指针定位在表格中,打开【表格工具】的【设计】选项卡,在【表格样式】组中单击【边框】按钮,从弹出的菜单中选择【边框和底纹】命令。

STEP 03 打开【边框和底纹】对话框,切换至【边框】选项卡,在【设置】选项区域中选择【虚框】选项,在【颜色】下拉列表框中选择【红色,强调文字颜色 2】色块,在【线型】列表框中选择双线型,在【宽度】下拉列表框中选择 1.5 磅,在【预览】选项区域中选择外边框,单击【确定】按钮,如图 3-24 所示。

STEP 04 此时完成边框的设置,效果如图 3-25 所示。

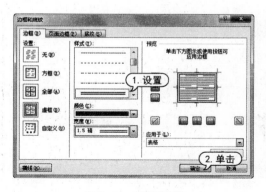

图 3-24 设置边框

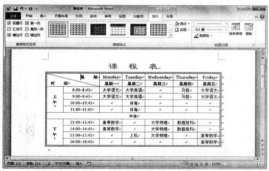

图 3-25 显示效果 1

STEP 05 选中表格的第 1、2、7 行,在【表格样式】组中单击【底纹】按钮,从弹出的颜色面板中选择【红色,强调文字颜色 2,淡色 60%】色块,如图 3-26 所示。

STEP 06 此时完成底纹的设置,效果如图 3-27 所示。

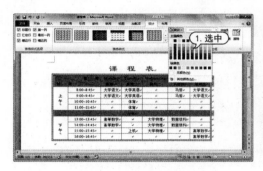

图 3-26 选择底纹颜色

图 3-27 显示效果 2

STEP 07 在快速访问工具栏中单击【保存】按钮,保存"课程表"文档。

知识点滴

Word 2010 提供了多种内置的表格样式,用户可以快速套用内置表格样式:将鼠标指针定位在表格内,打开【表格工具】的【设计】选项卡,在【表格样式】组中单击【其他】按钮,从弹出的表格样式列表框中选择一种样式即可。

3.2 插入修饰对象

在文档中插入多种对象,如艺术字、SmartArt 图形、图片、表格和自选图形等,能起到修饰和美化文档的作用。

3.2.1 插入图片

在 Word 2010 中,不仅可以插入系统提供的图片、剪贴画,还可以从其他程序或位置导入图片,甚至可以使用屏幕截图功能直接从屏幕中截取画面。

插入图片后,系统自动打开【图片工具】的【格式】选项卡,使用相应功能工具,可以设置图片颜色、大小、版式和样式等。

【例 3-4】 创建"茶饮宣传页"文档,在其中插入图片,并设置图片格式。 视频+素材

STEP 01 启动 Word 2010 应用程序,新建一个名为"茶饮宣传页"的文档。

STEP 02 打开【插入】选项卡,在【插图】组中单击【图片】按钮,打开【插入图片】对话框。选择电脑中的图片,单击【插入】按钮,即可将其插入文档中,如图 3-28 所示。

STEP 03 可以拖拽图片四周的控制点调整大小和位置,如图 3-29 所示。

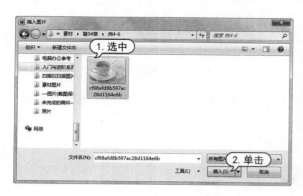

图 3-28 【插入图片】对话框

图 3-29 调整图片大小和位置

STEP 04 系统自动打开【图片工具】的【格式】选项卡,在【排列】组中单击【自动换行】按钮,从弹出的菜单中选择【衬于文字下方】命令,为图片设置环绕方式,如图 3-30 所示。

STEP 05 拖动鼠标调节图片至合适的位置,如图 3-31 所示。

图 3-30 设置图片环绕方式

图 3-31 拖动图片

STEP 06 启动浏览器,在百度图片库中搜索所需的网页,并打开图片页面。切换到 Word 文档窗口,打开【插入】选项卡,在【插图】组中单击【屏幕截图】按钮,从弹出的列表框中选择【屏幕剪辑】选项,如图 3-32 所示。

STEP 07 拖动至合适的位置后,释放鼠标,截图完毕。在文档中显示所截取的图片,如图 3-33 所示。

STEP 08 使用同样的方法设置图片的环绕方式为【衬于文字下方】。

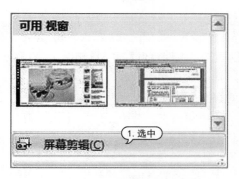

图 3-32　选择【屏幕剪辑】选项

图 3-33　显示截图

STEP 09 打开【插入】选项卡,在【插图】组中单击【剪贴画】按钮,打开【剪贴画】任务窗格。在【搜索文字】文本框中输入"咖啡",单击【搜索】按钮,系统自动查找电脑与网络上的剪贴画文件。搜索完毕后,将在列表框中显示搜索结果,单击所需的剪贴画图片,即可将其插入到文档中,如图 3-34 所示。

STEP 10 在【格式】选项卡的【大小】组中,设置宽度为"3.0 厘米",按 Enter 键,系统会自动调节图片的高度,如图 3-35 所示。

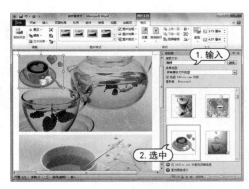

图 3-34　插入剪贴画

图 3-35　调整大小

STEP 11 在【排列】组中单击【自动换行】按钮,从弹出的菜单中选择【浮于文字上方】命令,为图片设置环绕方式。拖动鼠标,调节图片至合适的位置,如图 3-36 所示。

STEP 12 按 Ctrl＋S 快捷键,保存"茶饮宣传页"文档。

图 3-36　调整图片

实用技巧

　　Word 2010 所提供的剪贴画库内容非常丰富,设计精美,构思巧妙,能够表达不同的主题,适合于制作各种文档。

轻松学　电脑教程系列

3.2.2　插入艺术字

在 Word 2010 中可以按预定义的形状来创建艺术字,打开【插入】选项卡,在【文本】组中单击【艺术字】按钮,在打开的艺术字列表框中选择样式即可。

选中艺术字,系统自动会打开【绘图工具】的【格式】选项卡。使用该选项卡中的相应功能工具,可以设置艺术字的样式、填充效果等属性,还可以对艺术字进行大小调整、旋转或添加阴影、三维效果等操作,如图 3-37 所示。

图 3-37　【绘图工具】的【格式】选项卡

【例 3-5】　在"茶饮宣传页"文档中,插入艺术字,并设置艺术字的样式、大小和版式。 视频+素材

STEP 01　启动 Word 2010 应用程序,打开"茶饮宣传页"的文档。

STEP 02　打开【插入】选项卡,在【文本】组中,单击【艺术字】按钮,打开艺术字列表框,选择第 4 行第 2 列样式,即可在插入点处插入所选的艺术字样式,如图 3-38 所示。

STEP 03　在提示文本"请在此放置您的文字"处输入文本,设置字体为【方正舒体】,字号为【初号】。打开【绘图工具】的【格式】选项卡,在【排列】组中单击【自动换行】按钮,从弹出的菜单中选择【浮于文字上方】命令,为艺术字应用该环绕方式,如图 3-39 所示。

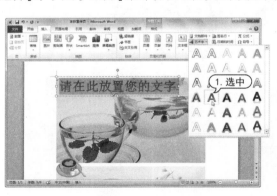

图 3-38　选择艺术字样式

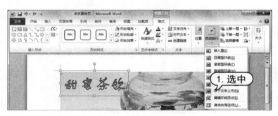

图 3-39　应用环绕方式

STEP 04　在【艺术字样式】组中单击【文本效果】按钮 ，从弹出的菜单中选择【发光】命令,然后在【发光变体】选项区域中选择【橙色,5pt 发光,强调文字颜色 6】选项,为艺术字应用该发光效果,如图 3-40 所示。

STEP 05　将鼠标指针移到选中的艺术字上,待鼠标指针变成 形状时,拖动鼠标,将艺术字移到合适的位置,如图 3-41 所示。

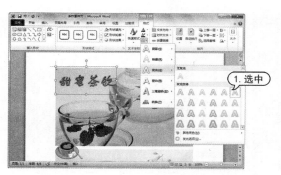

图 3-40　应用发光效果

图 3-41　拖动艺术字

STEP 06 在快速访问工具栏中单击【保存】按钮，保存修改后的"茶饮宣传页"文档。

3.2.3　插入 SmartArt 图形

Word 2010 提供了 SmartArt 图形的功能，可以用来说明各种概念性的内容，并可使文档更加形象生动。

要插入 SmartArt 图形，可打开【插入】选项卡，在【插图】组中单击 SmartArt 按钮，打开【选择 SmartArt 图形】对话框，根据需要选择合适的类型，如图 3-42 所示。

插入 SmartArt 图形后，如果对预设的效果不满意，则可以在【SmartArt 工具】的【设计】和【格式】选项卡中对其进行编辑操作，如添加和删除形状、套用形状样式等，如图 3-43 所示。

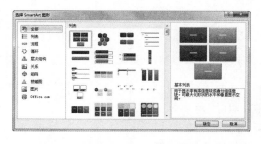

图 3-42　【选择 SmartArt 图形】对话框

图 3-43　【设计】和【格式】选项卡

【例 3-6】 在"茶饮宣传页"文档中，插入 SmartArt 图形，并设置其格式。 视频+素材

STEP 01 启动 Word 2010 应用程序，打开"茶饮宣传页"的文档。

STEP 02 打开【插入】选项卡，在【插图】组中单击【SmartArt】按钮，打开【选择 SmartArt 图形】对话框。打开【Office.com】选项卡，在右侧的列表框中选择【循环流程】选项，单击【确定】按钮，如图 3-44 所示。

STEP 03 打开【SmartArt 工具】的【格式】选项卡，在【排列】组中单击【自动换行】按钮，从弹出的菜单中选择【浮于文字上方】命令，设置 SmartArt 图形浮于文字上方，如图 3-45 所示。

STEP 04 拖动鼠标调整 SmartArt 图形的大小和位置，并在［文本］占位符中分别输入文字，如图 3-46 所示。

STEP 05 选中 SmartArt 图形，在【设计】选项卡的【SmartArt 样式】组中单击【更改颜色】按钮，在打开的颜色列表中选择【彩色填充－强调文字颜色 5 至 6】选项，为图形更改颜色，如图 3-47 所示。

轻松学电脑教程系列

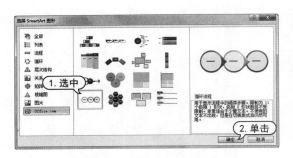

图 3-44 【选择 SmartArt 图形】对话框

图 3-45 选择【浮于文字上方】命令

图 3-46 输入文字

图 3-47 更改颜色

STEP 06 打开【SmartArt 工具】的【格式】选项卡,在【艺术字样式】组中单击【其他】按钮▾,打开艺术字样式列表框,选择第 5 行第 3 列样式,如图 3-48 所示。

STEP 07 为 SmartArt 图形中的文本应用该艺术字样式,如图 3-49 所示。

STEP 08 在快速访问工具栏中单击【保存】按钮🔲,保存修改后的"茶饮宣传页"文档。

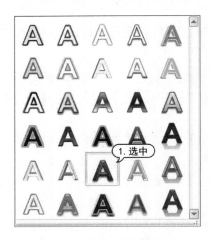

图 3-48 更改艺术字样式

图 3-49 显示效果

3.2.4　插入自选图形

Word 2010 包含一套可以手工绘制的现成形状,例如,直线、箭头、流程图、星与旗帜、标注等,这些图形称为自选图形。用户可以使用这些图形添加一个形状,或合并多个形状生成一个绘图,或合并成一个更为复杂的形状。

【例 3-7】　在"茶饮宣传页"文档中,插入自选图形,并设置其格式。📹视频+素材

STEP 01　启动 Word 2010 应用程序,打开"茶饮宣传页"的文档。

STEP 02　打开【插入】选项卡,在【插图】组中单击【形状】下拉按钮,从弹出的列表框的【基本形状】区域中选择【折角形】选项,如图 3-50 所示。

STEP 03　将鼠标指针移至文档中,按住左键并拖动鼠标绘制自选图形,如图 3-51 所示。

图 3-50　选择【折角形】选项

图 3-51　绘制自选图形

STEP 04　选中自选图形,右击,从弹出的快捷菜单中选择【添加文字】命令,此时即可在自选图形中输入文字,设置标题字体为【隶书】,字号为【一号】,字体颜色为【深蓝】;设置正文文本字号为【小四】、字体颜色为【深红】,如图 3-52 所示。

STEP 05　选中【折角形】图形,自动打开【绘图工具】的【格式】选项卡,在【形状样式】组中单击【形状填充】按钮,从弹出的菜单中选择【无填充颜色】选项,设置自选图形无填充色,如图 3-53 所示。

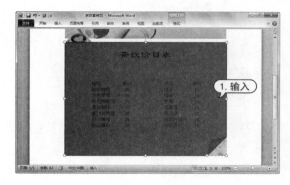

图 3-52　输入文字

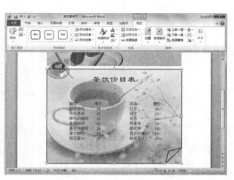

图 3-53　设置自选图形无填充色

STEP 06 在【形状样式】组中单击【形状轮廓】按钮,从弹出的菜单中选择【橙色,强调文字颜色6】选项,如图 3-54 所示。

STEP 07 为折角形设置线条颜色,效果如图 3-55 所示。

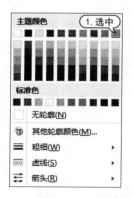

图 3-54　选择轮廓色

图 3-55　显示效果

3.2.5　插入文本框

文本框是一种图形对象,它作为存放文本或图形的容器,可置于页面中的任何位置,并可随意地调整其大小。在 Word 2010 中,文本框用来建立特殊的文本,并且可以对其进行一些特殊的处理,如设置边框、颜色、版式格式。

【例 3-8】 在"茶饮宣传页"文档中,插入文本框,并设置其格式。 ⚫视频+素材

STEP 01 启动 Word 2010 应用程序,打开"茶饮宣传页"的文档。

STEP 02 将插入点定位在文档末尾处,打开【插入】选项卡,在【文本】组中单击【文本框】下拉按钮,从弹出的列表框中选择【现代型引述】选项,将其插入到文档中,如图 3-50 所示。

图 3-56　选择【现代型引述】选项

STEP 03 在文本框中输入文本,设置字体【幼圆】,字号为【四号】,字体颜色为【红色】,拖动鼠标调整将其大小和位置,如图 3-57 所示。

STEP 04 打开【插入】选项卡,在【文本】组中单击【文本框】按钮,从弹出的菜单中选择【绘制文本框】选项。将鼠标移动到合适的位置,当鼠标指针变成"十"字形时,拖动鼠标指针绘制横排文本框,释放鼠标,完成绘制操作,如图 3-58 所示。

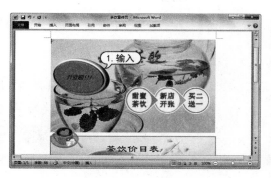

图 3-57　输入文本 1

图 3-58　绘制文本框

STEP 05 在文本框中输入文本,设置其字体为【华文行楷】,字号为【五号】,字体颜色为【蓝色】,如图 3-59 所示。

STEP 06 打开【绘图工具】的【格式】选项卡,在【形状样式】组中单击【其他】按钮，在打开的[形状样式]列表框选择一种样式,如图 3-60 所示。

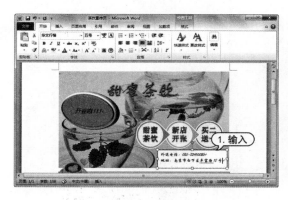

图 3-59　输入文本 2

图 3-60　选择样式

STEP 07 使用同样的方法,插入一个横排文本框和一个竖排文本框,并设置文本框无填充颜色和无轮廓,效果如图 3-61 所示。

图 3-61　显示效果

◎ **知识点滴**

　　设置竖排文本框中的文本字体为【方正舒体】,字号为【四号】,字体颜色为【深蓝】;设置横排文本框中的文本字体为【楷体】,字号为【五号】,字体颜色为【红色】。

3.3 编辑办公长文档

Word 2010 提供了处理长文档的编辑工具,例如,使用大纲视图方式查看和组织文档,使用书签定位文档等。

3.3.1 使用大纲

Word 2010 中的【大纲视图】是专门用于制作提纲的,它以缩进文档标题的形式代表其在文档结构中的级别。

1. 使用大纲查看文档

打开【视图】选项卡,在【文档视图】组中单击【大纲视图】按钮,或单击窗口状态栏上的【大纲视图】按钮,就可以切换到大纲视图模式。

【例 3-9】 将"公司管理制度"文档切换到大纲视图,查看结构和内容。 视频+素材

STEP 01 启动 Word 2010 应用程序,打开"公司管理制度"文档,如图 3-62 所示。

STEP 02 打开【视图】选项卡,在【文档视图】组中单击【大纲视图】按钮,或单击窗口状态栏上的【大纲视图】按钮,切换至大纲视图,如图 3-63 所示。

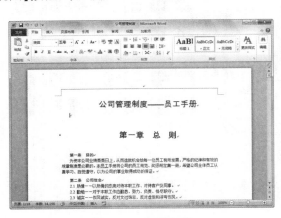

图 3-62 打开文档

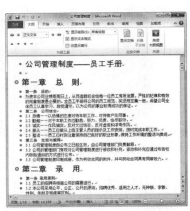

图 3-63 切换至大纲视图

STEP 03 在【大纲】选项卡的【大纲工具】组中单击【显示级别】下拉按钮,在弹出的下拉列表框中选择【2 级】选项,此时标题 2 以后的标题或正文文本都将被折叠,如图 3-64 所示。

图 3-64 选择【2 级】选项

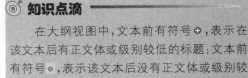

知识点滴

在大纲视图中,文本前有符号 ⊕,表示在该文本后有正文体或级别较低的标题;文本前有符号 ⊖,表示该文本后没有正文体或级别较低的标题。

STEP 04 将鼠标指针移至标题 3 前的符号 ⊕ 处双击，即可展开其下属文本内容，如图 3-65 所示。

STEP 05 在【大纲工具】组的【显示级别】下拉列表框中选择【所有级别】选项，此时将显示所有的文档内容，如图 3-66 所示。

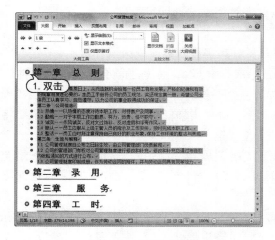

图 3-65　展开内容

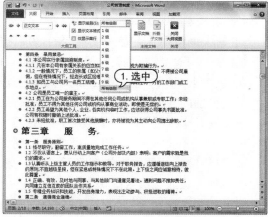

图 3-66　选择【所有级别】选项

STEP 06 将鼠标指针移动到文本"第一章 总则"前的符号 ⊕ 处，双击鼠标，该标题下的文本被折叠，如图 3-67 所示。

STEP 07 使用同样的方法，折叠其他段文本，如图 3-68 所示。

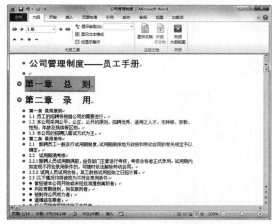

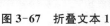

图 3-67　折叠文本 1

图 3-68　折叠文本 2

STEP 08 在【大纲】选项卡的【关闭】组中，单击【关闭大纲视图】按钮，即可退出大纲视图。

2. 选择大纲的内容

在大纲视图模式下，选择操作是进行其他操作的前提和基础。选择的对象为标题和正文。

▽ 选择标题：如果仅仅要选择一个标题，不包括它的子标题和正文，可以将鼠标光标移至此标题的左端空白处，当鼠标光标变成一个斜向上的箭头形状 ⬉ 时，单击鼠标左键，即可选中该标题。

▽ 选择一个正文段落：如果要仅仅选择一个正文段落，可以将鼠标光标移至此段落的左端空白处，当鼠标光标变成一个斜向上箭头的形状时，单击鼠标左键，或者单击此段落前的符号，即可选中该正文段落。

▽ 同时选择标题和正文：如果要选择一个标题及其所有的子标题和正文，就双击此标题前的符号⊕；如果要选择多个连续的标题和段落，按住左键拖动选择即可。

3．更改文本的大纲级别

文本的大纲级别并不是一成不变的，可以按需要对其实行升级或降级操作。

▽ 每按一次 Tab 键，标题就会降低一个级别；每按一次 Shift＋Tab 键，标题就会提升一个级别。

▽ 在【大纲】选项卡的【大纲工具】组中单击【提升】按钮➡或【降低】按钮➡，可对该标题实现层次级别的升或降；如果想要将标题降级为正文，可单击【降级为正文】按钮➡；如果要将正文提升至标题 1，单击【提升至标题 1】按钮➡。

▽ 按下 Alt＋Shift＋←组合键，可将该标题的层次级别提高一级；按下 Alt＋Shift＋→组合键，可将该标题的层次级别降低一级。按下 Alt＋Ctrl＋1 或 2 或 3 键，可使该标题的级别达到 1 级或 2 级或 3 级。

▽ 用鼠标左键拖动符号⊕或●向左移或向右移可提高或降低标题的级别。首先将鼠标光标移到该标题前面的符号⊕或●，待鼠标光标变成四箭头形状⊹后，按下鼠标左键拖动，在拖动的过程中，每经过一个标题级别，都有一条竖线和横线出现。如果想把该标题置于这样的标题级别，可在此时释放鼠标左键，如图 3-69 所示。

4．移动大纲标题

在 Word 2010 中既可以移动特定的标题到另一位置，也可以将该标题下的所有内容一起移动。可以一次只移动一个标题，也可以一次移动多个连续的标题。

要移动一个或多个标题，首先选择要移动的标题内容，然后在标题上按下鼠标右键并拖动，在拖动过程中，可以看到有一虚竖线跟着移动。移到目标位置后，释放鼠标，这时将弹出快捷菜单，选择菜单上的【移动到此位置】命令即可，如图 3-70 所示。

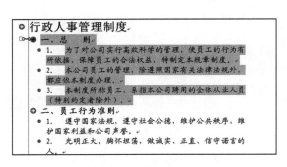

图 3-69　拖动符号

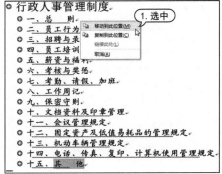

图 3-70　选择命令

3.3.2　使用书签

在 Word 2010 中，可以使用书签命名文档中指定的点或区域，以识别章、表格的开始处，或者定位需要工作的位置、离开的位置等。

【例 3-10】 在"公司管理制度"文档中添加书签,然后使用【定位】对话框来定位书签。 视频+素材

STEP 01 启动 Word 2010 应用程序,打开"公司管理制度"文档。

STEP 02 将插入点定位到标题"第一章 总则"之前,打开【插入】选项卡,在【链接】组中单击【书签】按钮 书签。打开【书签】对话框,在【书签名】文本框中输入书签的名称"总则",单击【添加】按钮,将该书签添加到书签列表框中,如图 3-71 所示。

STEP 03 单击【文件】按钮,在弹出的菜单中选择【选项】命令,打开【Word 选项】对话框,在左侧的列表框中选择【高级】选项,在打开的对话框的右侧列表的【显示文档内容】选项区域中,选中【显示书签】复选框,然后单击【确定】按钮,如图 3-72 所示。

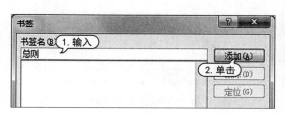

图 3-71　【书签】对话框

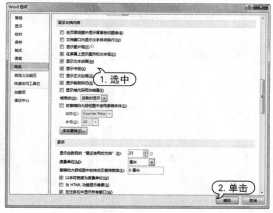

图 3-72　选中【显示书签】复选框

STEP 04 此时书签标记 I 将显示在标题"第一章 总则"之前,如图 3-73 所示。

STEP 05 打开【开始】选项卡,在【编辑】选组中单击【查找】下拉按钮,在弹出的菜单中选择【转到】命令,打开【查找与替换】对话框。打开【定位】选项卡,在【定位目标】列表框中选择【书签】选项,在【请输入书签名称】下拉列表框中选择书签,单击【定位】按钮,系统将自动定位到书签位置,如图 3-74 所示。

图 3-73　显示书签标记

图 3-74　定位标签

3.3.3 制作目录

目录与一篇文章的纲要类似，通过它可以了解全文的结构和整个文档所要讨论的内容。在 Word 2010 中，可以为一个编辑和排版完成的长文档插入目录。

Word 2010 有自动提取目录的功能，用户可以很方便地为文档创建目录。

【例 3-11】 在"公司管理制度"文档中插入目录。 📹视频+素材

STEP 01 启动 Word 2010 应用程序，打开"公司管理制度"文档。

STEP 02 将插入点定位在文档的开始处，按 Enter 键换行，输入文本"目录"，如图 3-75 所示。

STEP 03 按 Enter 键，继续换行。打开【引用】选项卡，在【目录】组中单击【目录】按钮，从弹出的菜单中选择【插入目录】命令，如图 3-76 所示。

图 3-75 输入文本

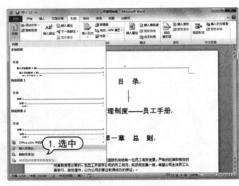

图 3-76 选择【插入目录】命令

STEP 04 打开【目录】对话框的【目录】选项卡，在【显示级别】微调框中输入 2，单击【确定】按钮，如图 3-77 所示。

STEP 05 此时即可在文档中插入二级标题的目录，如图 3-78 所示。

图 3-77 单击【是】按钮

图 3-78 显示目录

⚙ 实用技巧

插入目录后，只需按 Ctrl 键，再单击目录中的某个页码，就可以将插入点快速跳转到该页的标题处。要更新的目录，可以在【引用】选项卡的【目录】组中单击【更新目录】按钮，打开【更新目录】对话框。选中【只更新页码】单选按钮，表示只更新页码，不更新已直接应用于目录的格式；而选中【更新整个目录】单选按钮，表示将更新整个目录。

批注是审阅者给文档内容加上的注解或说明，也可阐述批注者的观点。在上级审批文件、老师批改作业时非常有用。

【例 3-12】 在"公司管理制度"文档中输入批注，并设置批注格式。 🎬视频+素材

STEP 01 启动 Word 2010 应用程序，打开"公司管理制度"文档。

STEP 02 选中第四章中的文本"《劳动法》"，打开【审阅】选项卡，在【批注】组中单击【新建批注】按钮，系统自动出现一个红色的批注框，如图 3-79 所示。

STEP 03 在批注框中，输入文字，如图 3-80 所示。

图 3-79　显示批注框

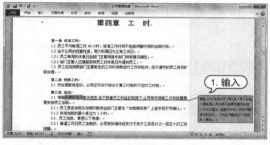

图 3-80　输入文本

STEP 04 使用同样的方法，在其他章节的文本中，添加批注，如图 3-81 所示。

STEP 05 打开【审阅】选项卡，在【修订】组中单击【修订】按钮，在弹出的菜单中选择【修订选项】命令，打开【修订选项】对话框，在【标记】选项区域的【批注】下拉列表框中选择【黄色】选项；在【批注框】选项区域的【指定宽度】微调框中输入"5 厘米"，然后单击【确定】按钮，如图 3-82 所示。

图 3-81　添加批注

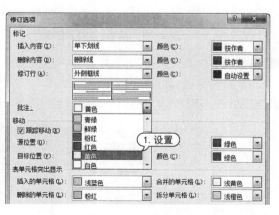

图 3-82　设置批注

STEP 06 此时，文档中所有的批注框颜色变成黄色，如图 3-83 所示。

图 3-83　显示效果

3.3.5　添加修订

在审阅文档时,发现某些多余的内容或遗漏的内容时,如果直接在文档中删除或修改,将不能看到原文档和修改后文档的不同之处。使用 Word 2010 的修订功能,可以将用户修改的每项操作以不同的颜色标识出来,方便作者进行对比和查看。

【例 3-13】 在"公司管理制度"文档中添加修订。 📹视频+素材

STEP 01 启动 Word 2010 应用程序,打开"公司管理制度"文档。

STEP 02 打开【审阅】选项卡,在【修订】组中,单击【修订】按钮,进入修订状态,如图 3-84 所示。

STEP 03 将插入点定位在目标文本处,然后输入文本,输入的文本下方将显示红色下划线,此时添加的文本也以红色字体显示,如图 3-85 所示。

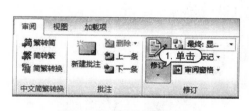

图 3-84　单击【修订】按钮

图 3-85　输入文本

STEP 04 选中第二章要删除的文本中,按 Delete 键,此时文本将以红色字体显示,并自动在字体上添加删除线,如图 3-86 所示。

STEP 05 使用同样的方法,修订其他文档内容,如图 3-87 所示。

图 3-86　删除文本

图 3-87　修订文本

STEP 06 当所有的修订工作完成后,再次单击【修订】组中的【修订】按钮,即可退出修订状态。

 ## 3.4　Word 文档页面设置

在 Word 文档中,还可对其他页面元素进行设置,如插入封面、插入页码、设置页眉和页脚等,使文档更加完善。

3.4.1　插入封面

封面决定了文档给人的第一印象,因此必须制作美观。Word 2010 提供了插入封面功能,用于说明文档的主要内容和特点。

【例 3-14】 在"公司管理制度"文档中插入封面。 视频+素材

STEP 01 启动 Word 2010 应用程序,打开"公司管理制度"文档。

STEP 02 打开【插入】选项卡,在【页】组中单击【封面】按钮,在弹出的列表框中选择【瓷砖型】选项,此时即可在文档中插入基于该样式的封面,如图 3-38 所示。

STEP 03 在封面页的占位符中根据提示修改或添加文字,然后保存该文档,如图 3-39 所示。

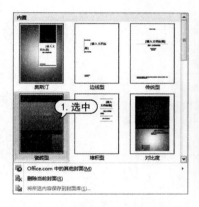

图 3-88　选择【瓷砖型】选项　　　　　　图 3-89　添加文本

 ### 3.4.2　插入页眉和页脚

书籍中奇偶页的页眉、页脚通常是不同的。在 Word 2010 中,可以为文档中的奇、偶页设计不同的页眉和页脚。

页眉和页脚的插入方法相似,下面用实例介绍页眉的插入方法。

【例 3-15】 在"公司管理制度"文档中为奇、偶页创建不同的页眉。 视频+素材

STEP 01 启动 Word 2010 应用程序,打开"公司管理制度"文档。

STEP 02 打开【插入】选项卡,在【页眉和页脚】组中单击【页眉】按钮,选择【编辑页眉】命令,进入页眉和页脚编辑状态,如图 3-90 所示。

STEP 03 打开【页眉和页脚】工具的【设计】选项卡,在【选项】组中选中【首页不同】和【奇偶页不同】复选框。

STEP 04 在奇数页页眉区域中选中段落标记符,打开【开始】选项卡,在【段落】组中单击【边框】按钮,在弹出的菜单中选择【无框线】命令,隐藏奇数页页眉的边框线,如图 3-91 所示。

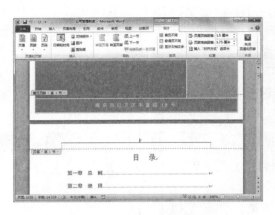

图 3-90　页眉和页脚编辑状态

图 3-91　选择【无框线】命令

STEP 05 将光标定位在段落标记符上,输入文字"公司管理制度——员工手册",设置文字字体为【华文行楷】,字号为【小三】,字体颜色为【橙色,强调文字颜色 6】,文本右对齐显示,如图3-92 所示。

STEP 06 将插入点定位在页眉文本右侧,打开【插入】选项卡,在【插图】组中单击【图片】按钮,打开【插入图片】对话框。选择一张图片,单击【插入】按钮,将其插入到奇数页的页眉处,如图3-93 所示。

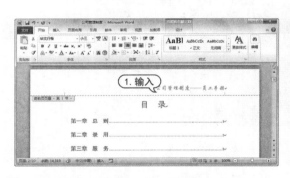

图 3-92　输入文字

图 3-93　插入图片

STEP 07 打开【图片工具】的【格式】选项卡,在【排列】组中单击【自动换行】按钮,从弹出的菜单中选择【浮于文字上方】命令,为页眉图片设置环绕方式。拖动鼠标调节图片大小和位置,如图3-94 所示。

STEP 08 打开【插入】选项卡,在【插图】组中单击【形状】按钮,从弹出的【线条】列表中选择【直线】选项◣,然后在页眉位置拖动鼠标绘制一条直线,如图 3-95 所示。

STEP 09 打开【绘图工具】的【格式】选项卡,在【形状样式】组中单击【其他】按钮▾,从弹出的列表框中选择一种橙色线型样式,为页眉处直线应用该样式,如图 3-96 所示。

STEP 10 使用同样的方法,设置偶数页的页眉文本、图片和线条,打开【页眉和页脚】工具的【设计】选项卡,在【关闭】组中单击【关闭页眉和页脚】按钮,完成奇、偶页页眉的设置,如图 3-97 所示。

轻松学 电脑教程系列

图 3-94　设置环绕方式　　　　　　　　图 3-95　绘制直线

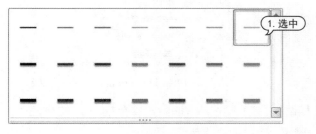

图 3-96　应用样式

图 3-97　显示效果

3.4.3　插入页码

　　页码就是给文档每页编号码，以便于读者阅读和查找。页码一般添加加在页眉或页脚中，也可以添加到其他地方。

【例 3-16】 在"公司管理制度"文档中创建页码，并设置页码格式。 视频+素材

STEP 01 启动 Word 2010 应用程序，打开"公司管理制度"文档，将插入点定位在奇数页中。

STEP 02 打开【插入】选项卡，在【页眉和页脚】组中单击【页码】按钮，在弹出的菜单中选择【页面底端】命令，在【带有多种形状】类别框中选择【圆角矩形 3】选项，即可在奇数页插入【圆角矩形 3】样式的页码，如图 3-98 所示。

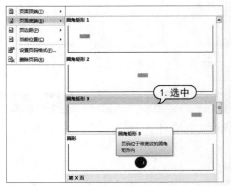

图 3-98　选择页码

STEP 03 将插入点定位在偶数页,使用同样的方法,在页面底端中插入【圆角矩形 1】样式的页码,如图 3-99 所示。

STEP 04 打开【页眉和页脚工具】的【设计】选项卡,在【页眉和页脚】组中单击【页码】按钮,从弹出的菜单中选择【设置页码格式】命令,如图 3-100 所示。

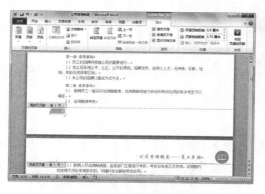

图 3-99　插入页码

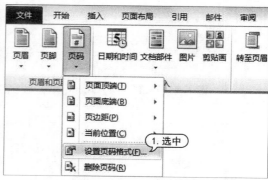

图 3-100　选择【设置页码格式】命令

STEP 05 打开【页码格式】对话框。在【编号样式】下拉列表框中选择【-1-,-2-,-3-,…】选项,单击【确定】按钮,完成编号样式设置,如图 3-101 所示。

STEP 06 此时页码将应用新的样式。依次选中奇、偶数页页码,设置其字体颜色为【白色,背景 1】,居中对齐,如图 3-102 所示。

STEP 07 打开【页眉和页脚】工具的【设计】选项卡,在【关闭】组中单击【关闭页眉和页脚】按钮,退出页码编辑状态并保存文档。

图 3-101　【页码格式】对话框

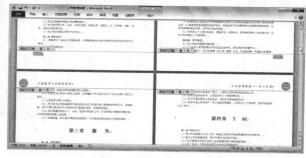

图 3-102　设置页码

3.4.4　设置页面背景

为文档添加上丰富多彩的背景,可以使文档更加的生动和美观。在 Word 2010 中,可以为文档添加页面颜色和图片背景。

1. 设置纯色背景

Word 2010 提供了 70 多种内置颜色,可以选择这些颜色作为文档背景,也可以自定义其他颜色作为背景。

要为文档设置背景颜色,可以打开【页面布局】选项卡,在【页面背景】选项组中,单击【页面颜色】按钮,打开【页面颜色】子菜单。在【主题颜色】和【标准色】选项区域中,单击其中的任何一个色块,即可把选择的颜色作为背景,如图 3-103 所示。

如果对系统提供的颜色不满意,用户还可以在【页面颜色】子菜单中选择【其他颜色】命令,打开【颜色】对话框,在【标准】选项卡中,选择六边形中的任意色块,即可将选中的颜色作为文档页面背景,如图 3-104 所示。

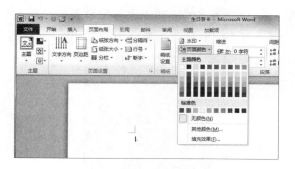

图 3-103　选择颜色

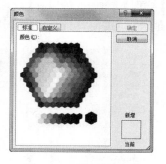

图 3-104　【颜色】对话框

知识点滴

打开【颜色】对话框的【自定义】选项卡,可拖动鼠标指针在【颜色】选项区域中选择所需的背景色,或者在【颜色模式】选项区域中通过设置具体数值来选择颜色。

【例 3-17】 在"生日贺卡"文档中设置纯色背景。 视频+素材

STEP 01 启动 Word 2010 应用程序,打开"生日贺卡"文档。

STEP 02 打开【页面布局】选项卡,在【页面背景】组中单击【页面颜色】按钮,从弹出的快捷菜单中选择【其他颜色】命令,打开【颜色】对话框,打开【自定义】选项卡,在【颜色模式】下拉列表中选择 RGB 选项,在【红色】、【绿色】、【蓝色】微调框中分别输入 234、85、4,单击【确定】按钮,如图 3-105 所示。

STEP 03 按 Ctrl + S 快捷键,保存设置背景颜色后的"生日贺卡"文档,如图 3-106 所示。

图 3-105　设置颜色

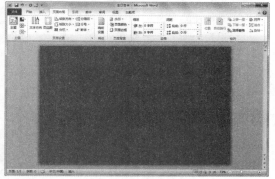

图 3-106　显示背景颜色

2. 设置背景填充

Word 2010 提供了多种文档背景填充效果。例如,渐变背景效果、纹理背景效果、图案背

景效果及图片背景效果等。

要设置背景填充效果,可以打开【页面布局】选项卡,在【页面背景】组中单击【页面颜色】按钮,从弹出的菜单中选择【填充效果】命令,打开【填充效果】对话框,其中包括以下 4 个选项卡。

▽ 【渐变】选项卡:可以通过选中【单色】或【双色】单选按钮来创建不同类型的渐变效果,在【底纹样式】选项区域中选择渐变的样式,如图 3-107 所示。

▽ 【纹理】选项卡:可以在【纹理】选项区域中,选择一种纹理作为文档页面的背景,单击【其他纹理】按钮,可以添加自定义的纹理作为文档的页面背景,如图 3-108 所示。

图 3-107 【渐变】选项卡

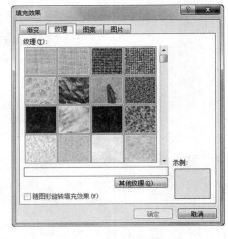

图 3-108 【纹理】选项卡

▽ 【图案】选项卡:可以在【图案】选项区域中选择一种基准图案,并在【前景】和【背景】下拉列表框中选择图案的前景和背景颜色,如图 3-109 所示。

▽ 【图片】选项卡:单击【选择图片】按钮,从打开的【选择图片】对话框中选择一张图片作为文档的背景,如图 3-110 所示。

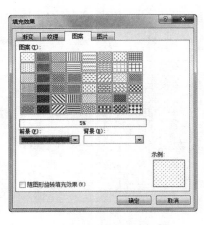

图 3-109 【图案】选项卡

图 3-110 【图片】选项卡

【例 3-18】 在"生日贺卡"文档中设置图片填充背景。 视频+素材

STEP 01 启动 Word 2010 应用程序,打开"生日贺卡"文档。

STEP 02 打开【页面布局】选项卡,在【页面背景】组中单击【页面颜色】按钮,从弹出的快捷菜单中选择【填充效果】命令,打开【填充效果】对话框。打开【图片】选项卡,单击【选择图片】按钮,如图 3-111 所示。

STEP 03 打开【选择图片】对话框,选择需要插入的图片,单击【插入】按钮,如图 3-112 所示。

图 3-111　单击【选择图片】按钮

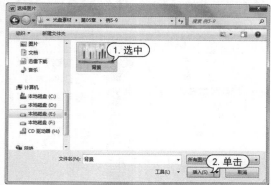

图 3-112　选择图片

STEP 04 返回至【图片】选项卡,查看图片整体效果,单击【确定】按钮,如图 3-113 所示。

STEP 05 在"生日贺卡"文档中显示图片背景效果,如图 3-114 所示。

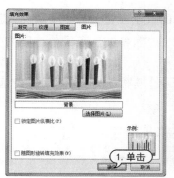

图 3-113　单击【确定】按钮

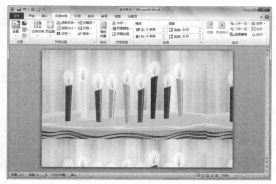

图 3-114　显示效果

3.5　设置特殊版式

一般报纸杂志都需要创建带有特殊效果的文档,这就需要使用一些特殊的版式。Word 2010 提供了多种特殊版式,常用的为首字下沉、分栏排版和文字竖排。

3.5.1　首字下沉

首字下沉是报纸杂志中较为常用的一种文本修饰方式,使用该方式可以很好地改善文档的外观,使文档更美观、更引人注目。

首字下沉就是使第一段开头的第一个字放大,放大的程度用户可以自行设定,占据两行或者三行的位置均可,其他字符围绕在它的右下方。在 Word 2010 中,首字下沉共有 2 种不同的方式，一个是普通的下沉、另外一个是悬挂下沉。两种方式区别之处在于，【下沉】方式设置的下沉字符紧靠其他的文字；而【悬挂】方式设置的字符可以随意的移动其位置。

    打开【插入】选项卡，在【文本】组中单击【首字下沉】按钮，在弹出的菜单中选择首字下沉样式，若选择【首字下沉选项】命令，将打开【首字下沉】对话框，可在其中进行相关的首字下沉设置，如图 3-115 所示。

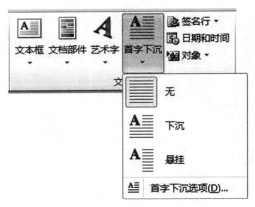
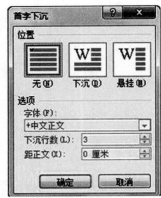

图 3-115　设置首字下沉

【例 3-19】　打开"小编寄语"文档，将正文第 1 段中的首字设置为首字下沉。　🎬视频+素材

STEP 01　启动 Word 2010 应用程序，打开"小编寄语"素材文档，将插入点定位在正文文本开头位置，如图 3-116 所示。

STEP 02　打开【插入】选项卡，在【文本】组中单击【首字下沉】按钮，在弹出的菜单中选择【首字下沉选项】命令，如图 3-117 所示。

图 3-116　定位插入点　　　　　　　图 3-117　选择【首字下沉选项】命令

STEP 03　打开【首字下沉】对话框，选择【下沉】选项，在【字体】下拉列表框中选择【华文彩云】选项，在【下沉行数】微调框中输入 3，在【距正文】微调框中输入"0.5 厘米"，单击【确定】按钮，如图 3-118 所示。

STEP 04　此时，正文第 1 段中的首字将以华文彩云字体并下沉 3 行的形式显示在文档中，如图 3-119 所示。

轻松学 电脑教程系列

图 3-118　设置首字下沉　　　　　图 3-119　显示效果

STEP 05 在快速访问工具栏中单击【保存】按钮，保存"小编寄语"文档。

3.5.2　分栏排版

分栏是指按实际排版需求将文本分成若干个条块，使版面更为美观。在阅读报纸杂志时，常常会发现许多页面被分成多个栏目。这些栏目有的是等宽的，有的是不等宽的，使得整个页面布局显得错落有致，易于读者阅读。

Word 2010 具有分栏功能，用户可以把每一栏都视为一节，这样就可以对每一栏文本内容单独进行格式化和版面设计。

要为文档设置分栏，可打开【页面布局】选项卡，在【页面设置】组中单击【分栏】按钮，在弹出的菜单中选择【更多分栏】命令，打开【分栏】对话框。在其中进行相关分栏设置，如栏数、宽度、间距和分割线等，如图 3-120 所示。

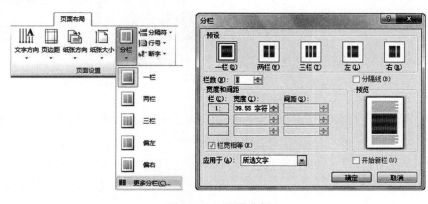

图 3-120　设置分栏

【例 3-20】 打开"小编寄语"文档，设置分两栏显示部分正文文本，并绘制分割线。

（视频+素材）

STEP 01 启动 Word 2010 应用程序，打开"小编寄语"文档。

STEP 02 选取正文第 2 段文本，打开【页面布局】选项卡，在【页面设置】组中单击【分栏】按钮，在弹出的快捷菜单中选择【更多分栏】命令，如图 3-121 所示。

STEP 03 打开【分栏】对话框，在【预设】选项区域中选择【两栏】选项，保持选中【栏宽相等】复选框，单击【确定】按钮，如图 3-122 所示。

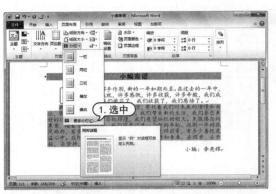

图 3-121　选择【更多分栏】命令　　　　　　　图 3-122　【分栏】对话框

STEP 04 此时选中的部分正文文本将以两栏的形式显示,如图 3-123 所示。

图 3-123　显示效果 1

> ◎ **知识点滴**
>
> 在【分栏】对话框中选中【分割线】复选框,即可为分栏的文本添加一条程序自带的分割线,此分割线并无任何格式。

STEP 05 打开【插入】选项卡,在【插图】组中单击【形状】按钮,从弹出的列表框中选择【直线】选项,拖动鼠标在分栏后的文本中央绘制一条直线,如图 3-124 所示。

STEP 06 打开【绘图工具】的【格式】选项卡,在【形状样式】组中单击【其他】按钮 ,在弹出的列表框中选择一种橙色线型样式,如图 3-125 所示。

图 3-124　绘制直线

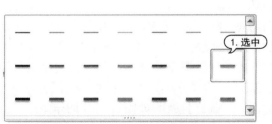

图 3-125　选择样式

STEP 07 单击【形状轮廓】按钮,从弹出的菜单中选择【虚线】命令,并在弹出的列表框中选择一种虚线样式,如图 3-126 所示。

STEP 08 为分栏文本中央的直线应用形状样式和虚线效果,如图 3-127 所示。

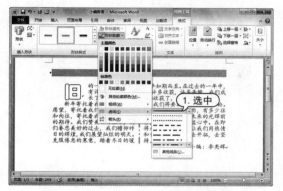

图 3-126　选择虚线样式

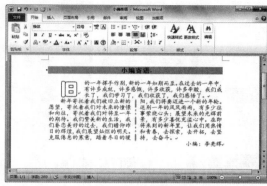

图 3-127　显示效果 2

STEP 09 在快速访问工具栏中单击【保存】按钮,保存"小编寄语"文档。

3.5.3　竖排排版

古人写字都是以从右至左、从上至下的方式进行竖排书写。使用 Word 2010 的文字竖排功能,可以轻松输入竖排的古代诗词,从而达到复古的效果。

【例 3-21】 创建"诗词鉴赏"文档,对输入的文本进行垂直排列。●视频+素材

STEP 01 启动 Word 2010 应用程序,新建一个名为"诗词鉴赏"的文档,然后在其中输入文本内容。按 Ctrl + A 快捷键,选中所有的文本,设置文本的字体为【华文行楷】,字号为【二号】,字体颜色为【橙色】,如图 3-128 所示。

STEP 02 选中文本,打开【页面布局】选项卡,在【页面设置】组中单击【文字方向】按钮,从弹出的菜单中选择【垂直】命令,如图 3-129 所示。

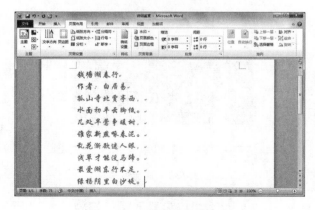

图 3-128　输入并设置文本

图 3-129　选择【垂直】命令

STEP 03 此时即将以从上至下、从右到左的方式排列诗歌内容,如图 3-130 所示。

图 3-130　显示效果

> **知识点滴**
>
> 　　在【页面布局】选项卡的【页面设置】组中单击【文字方向】按钮，从弹出的菜单中选择【文字方向选项】命令，打开【文字方向-主文档】对话框，在【方向】选项区域中可以设置文字的排列方式，如从上至下、从下至上等。

3.6　案例演练

　　本章的案例演练为制作抵用券和预览打印文档，用户通过练习可以巩固本章所学知识。

3.6.1　制作抵用券

【例 3-22】 新建"商品抵用券"文档，在其中插入图片、艺术字和文本框等。 ◎视频+素材

STEP 01 启动 Word 2010 应用程序，新建一个空白文档，并将其以"商品抵用券"为名保存。

STEP 02 打开【插入】选项卡，在【插图】组中单击【形状】按钮，从弹出的菜单的【矩形】选项区域中单击【矩形】按钮，如图 3-131 所示。

STEP 03 将鼠标指针移至文档中，待鼠标指针变为"十"字形，拖动鼠标绘制圆角矩形，如图 3-132 所示。

图 3-131　单击【矩形】按钮

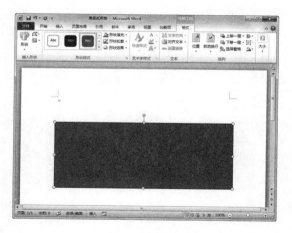

图 3-132　绘制矩形

STEP 04 打开【绘图工具】的【格式】选项卡，在【大小】组中设置形状的【高度】为"7 厘米"，【宽度】为"16 厘米"，如图 3-133 所示。

STEP 05 在【形状样式】组中单击【形状填充】按钮，从弹出的菜单中选择【图片】命令，打开【插入图片】对话框，选择需要的图片，单击【插入】按钮，如图 3-134 所示。

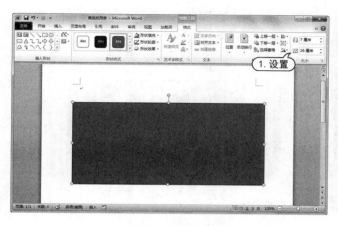

图 3-133　设置形状

图 3-134　插入图片

STEP 06　将选中的图片填充到矩形中,如图 3-135 所示。

STEP 07　打开【插入】选项卡,在【文本】组中单击【艺术字】按钮,从弹出的列表框中选择第 4 行第 2 列的艺术字样式,即可在文档中插入艺术字,如图 3-136 所示。

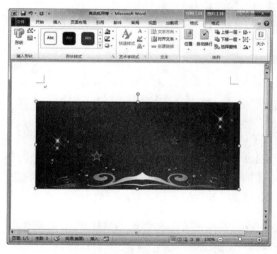

图 3-135　显示效果 1

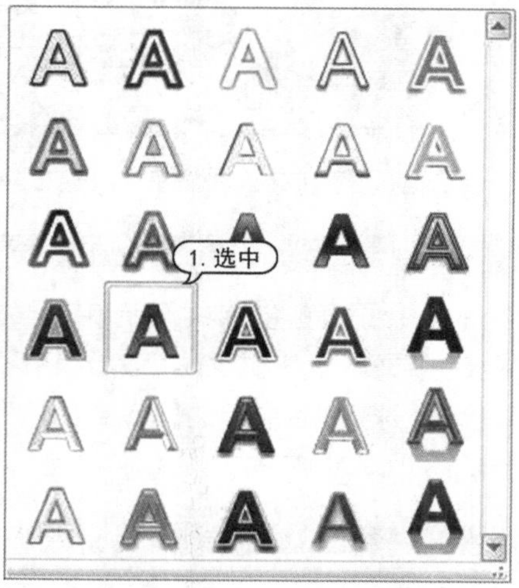

图 3-136　插入艺术字

STEP 08　在艺术字框中输入文本,设置字体为【华文琥珀】,字号为【小初】,字形为【加粗】,然后拖动鼠标调节其位置,如图 3-137 所示。

STEP 09　使用同样的方法,插入另一个艺术字,设置字体为【华文楷体】,数字字号为 80,文本字号为【小初】,将其移动到合适的位置,如图 3-138 所示。

STEP 10　打开【插入】选项卡,在【文本】组中单击【文本框】按钮,从弹出的快捷菜单中选择【绘制文本框】命令,拖动鼠标在矩形中绘制横排文本框,并输入文本,如图 3-139 所示。

STEP 11　右击选中的文本框,从弹出的快捷菜单中选择【设置形状格式】命令,打开【设置形状格式】对话框。打开【填充】选项卡,选中【无填充】单选按钮,如图 3-140 所示。

图 3-137　输入艺术字 1

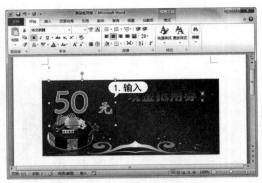

图 3-138　输入艺术字 2

图 3-139　绘制文本框并输入文本

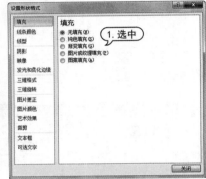

图 3-140　选中【无填充】单选按钮

STEP 12 打开【线条颜色】选项卡,选中【无线条】单选按钮,然后单击【关闭】按钮,如图 3-141 所示。

STEP 13 选中文本框中的文本,设置其字体为【华文楷体】,字号为【五号】,字体颜色为【白色,背景 1】。在【开始】选项卡的【段落】组中单击【项目符号】下拉按钮,从弹出的列表框中选择一种星形,为文本框中的文本添加项目符号,如图 3-142 所示。

图 3-141　选中【无线条】单选按钮

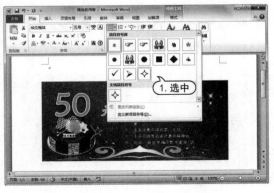

图 3-142　添加项目符号

STEP 14 打开【插入】选项卡,在【文本】组中单击【文本框】按钮,从弹出的快捷菜单中选择【绘制竖排文本框】命令,拖动鼠标在矩形中绘制竖排文本框。在文本框中输入文本内容,并设置文本字体为【Times New Roman】，字号为【小三】。

STEP 15　选中竖排文本框，打开【绘图工具】的【格式】选项卡，在【形状样式】组中单击【形状填充】按钮，从弹出的菜单中选择【无填充颜色】命令。单击【形状轮廓】按钮，从弹出的菜单中选择【无轮廓】命令，为其应用无填充色和无轮廓效果，如图 3-143 所示。

STEP 16　使用同样的方法，插入另一个横排文本框。保存文档，如图 3-144 所示。

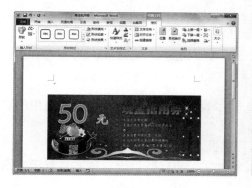

图 3-143　设置填充色和轮廓

图 3-144　显示效果 2

3.6.2　预览打印文档

【例 3-23】　预览"公司员工守则"文档，查看该文档的总页数和显示比例分别为 70%、25%、36% 和 12% 时的状态。　视频+素材

STEP 01　启动 Word 2010 应用程序，打开"公司员工守则"文档。

STEP 02　单击【文件】按钮，选择【打印】命令，打开 Microsoft Office Backstage 视图的【打印预览】窗格，窗格底端显示文档的总页数为 20 页，当前所在的第 1 页显示的是封面页，文档大小为 50%，如图 3-145 所示。

STEP 03　单击【下一页】按钮，切换至文档的下一页，查看该页（目录页）的整体效果，如图 3-146 所示。

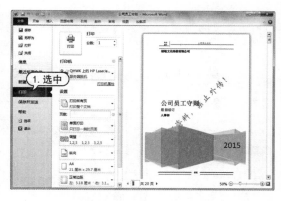

图 3-145　选择【打印】命令

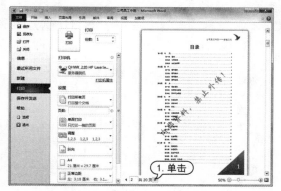

图 3-146　单击【下一页】按钮 1

STEP 04　单击两下按钮，将页面的显示比例调节到 70% 的状态，查看该页中的内容，如图 3-147 所示。

STEP 05　单击【下一页】按钮，查看下一页目录页的效果，如图 3-148 所示。

图 3-147 单击按钮

图 3-148 单击【下一页】按钮 2

STEP 06 在当前页文本框中输入 9,按 Enter 键。此时,即可切换到第 9 页,查看该页中的文本内容,如图 3-149 所示。

STEP 07 在预览窗格的右侧上下拖动垂直滚动条,可逐页查看文本内容。

STEP 08 在缩放比例工具中向左拖动滑块至 25%,此时文档将以四页一屏的方式显示在预览窗格中,如图 3-150 所示。

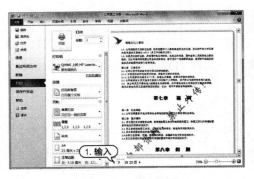

图 3-149 输入页码

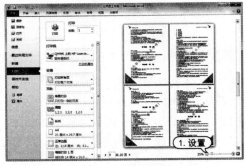

图 3-150 拖动滑块 1

STEP 09 使用同样的方法,设置显示比例为 36%,此时将以双页一屏的方式来预览文档效果,如图 3-151 所示。

STEP 10 使用同样的方法,设置显示比例为 12%,此时将以多页一屏的方式来预览文档效果,如图 3-152 所示。

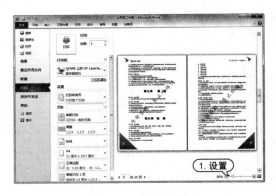

图 3-151 拖动滑块 2

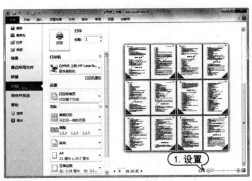

图 3-152 拖动滑块 3

第 4 章

Excel 制作电子表格

　　Excel 2010 是 Office 软件系列中的电子表格处理软件，它拥有良好的界面、强大的数据计算功能，被广泛地应用于办公领域。本章主要介绍 Excel 2010 工作簿、工作表以及单元格等的基本操作内容。

对应的光盘视频

4.1 认识 Excel 2010 基本对象

Excel 2010 的基本对象包括工作簿、工作表与单元格,它们是构成 Excel 2010 的支架。本节将详细介绍工作簿、工作表、单元格以及它们之间的关系。

4.1.1 工作簿

Excel 2010 以工作簿为单元来处理工作数据和存储数据的文件。工作簿文件是 Excel 存储在磁盘上的最小独立单位,其扩展名为. xlsx。工作簿窗口是 Excel 打开的工作簿文档窗口,它由多个工作表组成。刚启动 Excel 2010 时,系统默认打开一个名为【工作簿 1】的空白工作簿,如图 4-1 所示。

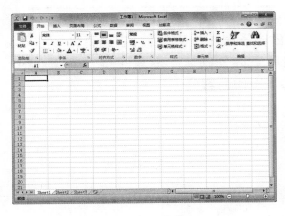

图 4-1　工作簿

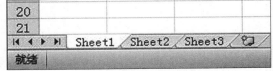

图 4-2　工作表

4.1.2 工作表

工作表是 Excel 中用于存储和处理数据的主要文档,也是工作簿中的重要组成部分,又称为电子表格。

工作表是 Excel 2010 的工作平台,若干个工作表构成一个工作簿。在默认情况下,一个工作簿由 3 个工作表构成,单击工作表标签可以在不同的工作表之间进行切换。在使用工作表时,只有一个工作表处于当前活动状态。新建工作簿时,系统会默认创建 3 个工作表,名称分别为 Sheet1、Sheet2 与 Sheet3,如图 4-2 所示。

4.1.3 单元格

工作表是由单元格组成的,每个单元格都有其独一无二的名称。在 Excel 中,对单元格的命名主要是通过行号和列标来完成的,又分为单个单元格的命名和单元格区域的命名两种。

单个单元格的名称是列标＋行号,例如 A3 单元格指的是第 A 列第 3 行的单元格,如图 4-3所示。

单元格区域的名称是单元格区域中左上角的单元格名称:单元格区域中右下角的单元格名称。例如,如图 4-4 所示,选定单元格区域的名称为 A1:F12。

工作簿、工作表与单元格之间的关系是包含与被包含的关系,即工作表由多个单元格组成,而工作簿又包含一个或多个工作表。

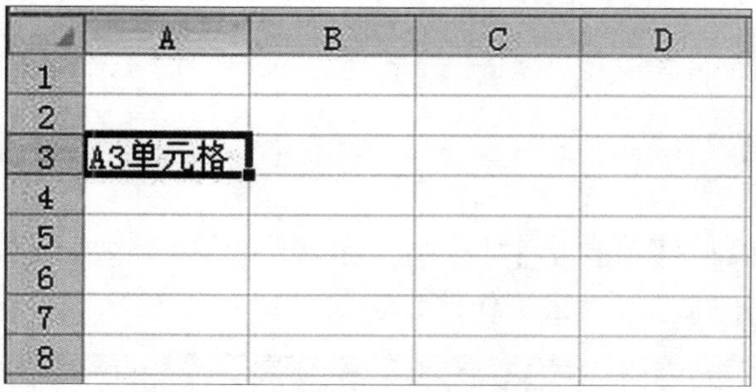

图 4-3 单元格

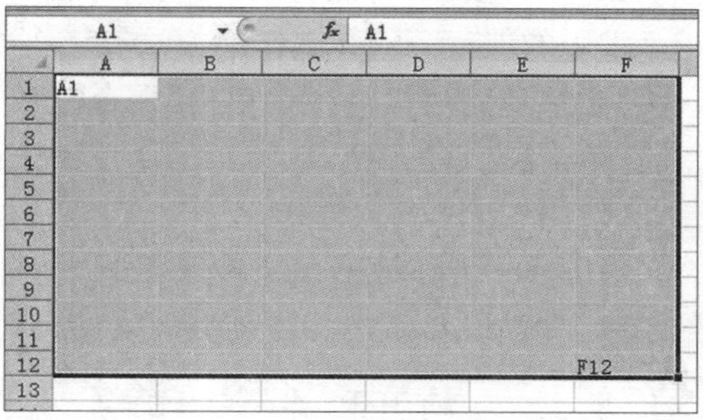

图 4-4 单元格区域

4.2 工作簿基础操作

工作簿是保存 Excel 文件的基本单位,在 Excel 2010 中,用户的所有的操作都是在工作簿中进行的,本节将详细介绍工作簿的相关基本操作,包括创建新工作簿、保存工作簿、打开工作簿以及保护工作簿等。

4.2.1 新建工作簿

启动 Excel 时会自动创建一个空白工作簿。在编辑过程中可以直接创建空白的工作簿,也可以根据模板来创建带有样式的新工作簿。

▽ 新建空白工作簿:单击【文件】按钮,在弹出的【文件】菜单中选择【新建】命令。在【可用模板】列表框中选择【空白工作簿】选项,单击【创建】按钮,即可新建一个空白工作簿,如图 4-5 所示。

▽ 通过模板新建工作簿:单击【文件】按钮,在打开的【文件】菜单中选择【新建】命令。在【可用模板】列表框中选择【样本模板】选项,然后在列表框中选择一个 Excel 模板,在右侧会显示该模板的预览效果,单击【创建】按钮,即可根据所选的模板新建一个工作簿,如图 4-6 所示。

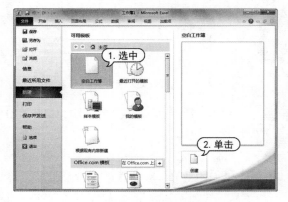

图 4-5 新建空白工作簿

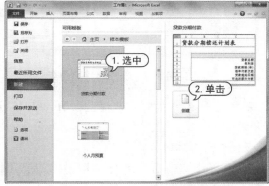

图 4-6 通过模板新建工作簿

4.2.2 保存工作簿

在对工作表进行操作时,应记住经常保存 Excel 工作簿,以免因一些突发状况而丢失数据。常用的保存 Excel 工作簿方法有以下 3 种。

▽ 在快速访问工具栏中单击【保存】按钮■。

▽ 单击【文件】按钮,从弹出的菜单中选择【保存】命令。

▽ 使用 Ctrl+S 快捷键。

当 Excel 工作簿第一次被保存时,会自动打开【另存为】对话框。在其中设置工作簿的保存名称、位置以及格式等,然后单击【保存】按钮即可保存该工作簿。

 4.2.3 打开和关闭工作簿

1. 打开工作簿

打开工作簿的常用方法有如下几种。

▽ 单击【文件】按钮,从弹出的菜单中选择【打开】命令。

▽ 直接双击创建的 Excel 文件图标。

▽ 按 Ctrl+O 快捷键。

此外,还可以使用只读方式打开工作簿,下面用实例介绍说明。

【例 4-1】 在 Excel 2010 中,以只读方式打开工作簿。 视频

STEP 01 启动 Excel 2010 应用程序,打开一个名为【工作簿 1】的空白工作簿,单击【开始】按钮,在弹出的【开始】菜单中选择【打开】命令,如图 4-7 所示。

STEP 02 打开【打开】对话框,选择要打开的工作簿文件,然后单击【打开】下拉按钮,从弹出的快捷菜单中选择【以只读方式打开】命令,如图 4-8 所示。

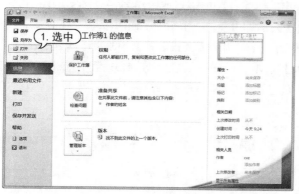

图 4-7 选择【打开】命令

图 4-8 选择【以只读方式打开】命令

STEP 03 以只读方式打开素材工作簿,此时在标题栏工作簿名称后显示"只读"二字,如图 4-9 所示。

2. 关闭工作簿

在对工作簿中的工作表编辑完成以后,可以将工作簿关闭。在 Excel 2010 中,关闭工作簿主要有以下几种方法。

▽ 选择【文件】|【关闭】命令。

▽ 单击工作簿窗口右上角的【关闭】按钮。

▽ 按下 Ctrl + W 组合键。

▽ 按下 Ctrl + F4 组合键。

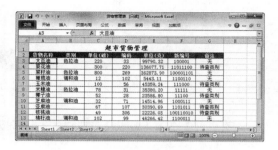

图 4-9　只读方式打开文档

> **实用技巧**
>
> 以只读方式打开的工作簿，用户只能进行查看，不能做任何修改。

4.3　工作表基础操作

工作表是工作簿文档窗口的主体，也是进行操作的主体，它是由若干个行和列组成的表格。对工作表的基本操作主要包括工作表的选择与切换、工作表的插入与删除、工作表的移动与复制以及工作表的重命名等。

4.3.1　选定工作表

由于一个工作簿中往往包含多个工作表，因此操作前需要选定工作表。选定工作表的常用操作包括以下几种。

▽ 选定一张工作表：直接单击该工作表的标签即可选定一张工作表。如图 4-10 所示为选定 Sheet2 工作表。

▽ 选定相邻的工作表：首先选定第一张工作表标签，然后按住 Shift 键不松并单击相邻工作表的标签即可。如图 4-11 所示为同时选定 Sheet1 与 Sheet2 工作表。

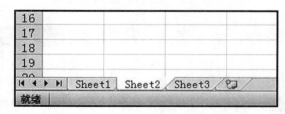

图 4-10　选定一张工作表

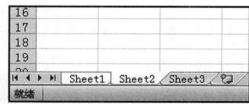

图 4-11　选定相邻的工作表

▽ 选定不相邻的工作表：首先选定第一张工作表，然后按住 Ctrl 键不松并单击其他任意一张工作表标签即可。如图 4-12 所示为同时选定 Sheet1 与 Sheet3 工作表。

▽ 选定工作簿中的所有工作表：右击任意一个工作表标签，在弹出的菜单中选择【选定全部工作表】命令即可，如图 4-13 所示。

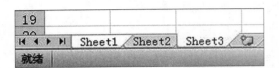

图 4-12　选定不相邻的工作表　　　　图 4-13　选定工作簿中的所有工作表

4.3.2　插入工作表

如果工作簿中的工作表数量不够,用户可以在工作簿中插入工作表,插入工作表的常用方法有以下 3 种。

▽ 单击【插入工作表】按钮:工作表切换标签的右侧有一个【插入工作表】按钮，单击该按钮可以快速新建工作表。

▽ 使用【插入】对话框:右击当前活动的工作表标签,在弹出的快捷菜单中选择【插入】命令,打开【插入】对话框,在对话框的【常用】选项卡中选择【工作表】选项,然后单击【确定】按钮。

▽ 选择功能区中的命令:选择【开始】选项卡,在【单元格】选项组中单击【插入】下拉按钮，在弹出的菜单中选择【插入工作表】命令,即可插入工作表。插入的新工作表位于当前工作表左侧。

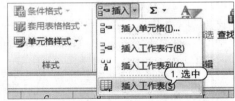

图 4-14　【插入】对话框　　　　　　图 4-15　选择【插入工作表】命令

4.3.3　重命名工作表

Excel 2010 在创建一个新的工作表时是以 Sheet1、Sheet2 等来命名的,这在实际工作中很不方便记忆和进行有效的管理。用户可以重命名这些工作表。

要改变工作表的名称,只需双击选中的工作表标签,这时工作表标签以反黑白显示(即黑色背景白色文字),在其中输入新的名称并按下 Enter 键即可,如图 4-16 所示。

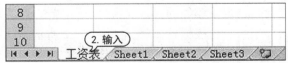

图 4-16　输入新名称

也可以先选中需要改名的工作表,打开【开始】选项卡,在【单元格】组中单击【格式】按钮,从弹出的菜单中选择【重命名工作表】命令,或者右击工作表标签,选择【重命名】命令,此时该工作表标签处于可编辑状态,用户输入新的工作表名称即可,如图 4-17 所示。

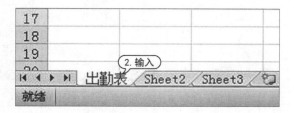

图 4-17　选择【重命名】命令

4.3.4　移动和复制工作表

在使用 Excel 2010 进行数据处理时,经常把描述同一事物不同特征的数据放在一个工作表中,而把相互之间具有某种联系的不同事物安排在不同的工作表或不同的工作簿中,这时就需要在工作簿内或工作簿间移动或复制工作表。

1. 在工作簿内移动或复制工作表

在同一工作簿内移动工作表的操作方法非常简单,只需选定要移动的工作表,然后沿工作表标签行拖动标签即可;在当前工作簿中复制工作表,在按住 Ctrl 键的同时拖动工作表,并在目的地释放鼠标、松开 Ctrl 键即可,如图 4-18 所示。新工作表的名称为原工作表名称加用括号括起来的数字,表示两者是不同的工作表。例如,源工作表名为 Sheet1,则第一次复制的工作表名为 Sheet1(2),依次类推,如图 4-19 所示。

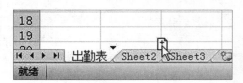
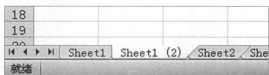

图 4-18　移动工作表　　　　　　　　图 4-19　复制工作表

2. 在工作簿之间移动或复制工作表

在两个或多个不同的工作簿间移动或复制工作表时,与在工作簿内移动或复制工作表的方法相同,不过要求源工作簿和目标工作簿同时打开。

【例 4-2】　将素材【3 月第一周支出统计表】工作簿中的【一周】工作表复制到【家庭支出统计表】工作簿中。 视频+素材

STEP 01 启动 Excel 2010 程序,打开【家庭支出统计表】工作簿和【3 月第一周支出统计表】工作簿。

STEP 02 打开【3 月第一周支出统计表】工作簿的【一周】工作表,打开【开始】选项卡,在【单元格】组中单击【格式】按钮,从弹出的快捷菜单中选择【移动或复制工作表】命令,如图 4-20

所示。

STEP 03 打开【移动或复制工作表】对话框,在【工作簿】列表框中选择【家庭支出统计表】选项,在【下列选定工作表之前】列表框中选择【二周】选项,并选中【建立副本】复选框,然后单击【确定】按钮,如图 4-21 所示。

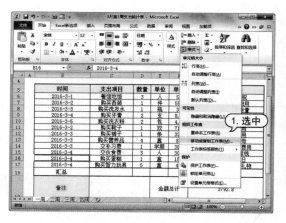

图 4-20 选择【移动或复制工作表】命令

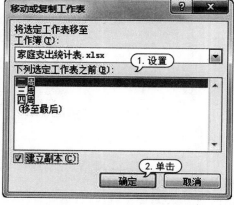

图 4-21 【移动或复制工作表】对话框

STEP 04 复制【一周】工作表到【家庭支出统计表】工作簿中,如图 4-22 所示。

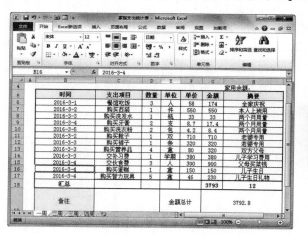

图 4-22 复制工作表

◆实用技巧

在【移动或复制工作表】对话框中取消选中【建立副本】复选框,则执行移动操作。

4.3.5 删除和隐藏工作表

1. 删除工作表

要删除一个工作表,首先单击工作表标签,选定该工作表,然后在【开始】选项卡的【单元格】组中单击【删除】按钮后的倒三角按钮 ,在弹出的快捷菜单中选择【删除工作表】命令,即可删除该工作表。此时,它右侧的工作表将自动变成当前的活动工作表,如图 4-23 所示。

还可以在要删除的工作表的标签上右击,在弹出的快捷菜单中选择【删除】命令即可,如图 4-24 所示。

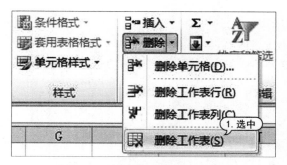

图 4-23　选择【删除工作表】命令

图 4-24　选择【删除】命令

2. 隐藏工作表

在 Excel 2010 中,不仅可以隐藏工作簿,也可以有选择地隐藏工作簿中的一个或多个工作表。一旦一个工作表被隐藏,将无法显示其内容。

需要隐藏工作表时,首先选定需要隐藏的工作表,然后在【开始】选项卡的【单元格】组中单击【格式】按钮,在弹出的快捷菜单中选择【隐藏和取消隐藏】|【隐藏工作表】命令即可,如图 4-25 所示。

要在 Excel 2010 中重新显示一个处于隐藏状态的工作表,可单击【格式】按钮,在弹出的快捷菜单中选择【隐藏和取消隐藏】|【取消隐藏工作表】命令,在打开的【取消隐藏】对话框中选择要取消隐藏的工作表名称,然后单击【确定】按钮即可,如图 4-26 所示。

图 4-25　选择【隐藏工作表】命令

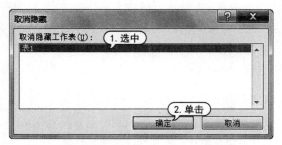

图 4-26　【取消隐藏】对话框

4.4　单元格基础操作

在 Word 2010 中,为了使文档更加美观、条理更加清晰,用户可以对文本格式和段落格式进行编辑。

4.4.1　选定单元格

要对单元格进行操作,首先要选定单元格。选定单元格的操作主要包括选定单个单元格、选定连续的单元格区域和选定不连续的单元格区域。

▽ 要选定单个单元格，只需单击该单元格即可。

▽ 按住鼠标左键拖动可选定一个连续的单元格区域，如图 4-27 所示。

▽ 按住 Ctrl 键的同时单击所需的单元格，可选定不连续的单元格或单元格区域，如图 4-28 所示。

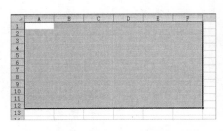

图 4-27　选定连续的单元格区域 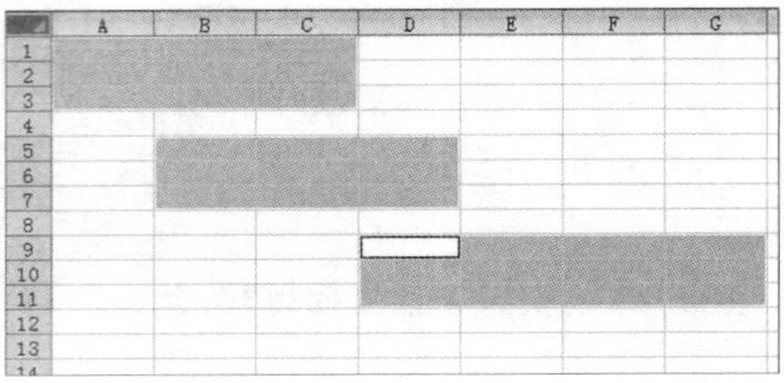　　　图 4-28　选定不连续的单元格区域

◎ 知识点滴

　　单击工作表中的行标，可选定整行；单击工作表中的列标，可选定整列；单击工作表左上角行标和列标的交叉处，即全选按钮，可选定整个工作表。

🔍 4.4.2　合并和拆分单元格

　　在编辑表格的过程中，有时需要对单元格进行合并或者拆分操作。

　　合并单元格是指将选定的连续单元格区域合并为一个单元格，而拆分单元格则是合并单元格的逆操作。

　　要合并单元格，可采用以下两种方法。

　　第一种方法：选定需要合并的单元格区域，单击打开【开始】选项卡，在该选项卡的【对齐方式】选项区域中单击【合并后居中】按钮右侧的倒三角按钮，在弹出的下拉菜单中有 4 个命令，如图 4-29 所示。这些命令的含义分别如下。

▽ 合并后居中：将选定的连续单元格区域合并为一个单元格，合并后的单元格中的数据居中显示，如图 4-30 所示。

图 4-29　选择命令 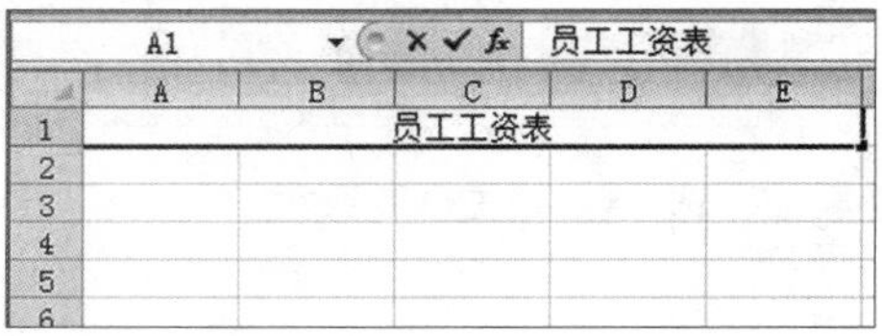　　　　　　　图 4-30　合并后居中

▽ 跨越合并：多行分别合并单元格，列不合并，如图 4-31 所示。

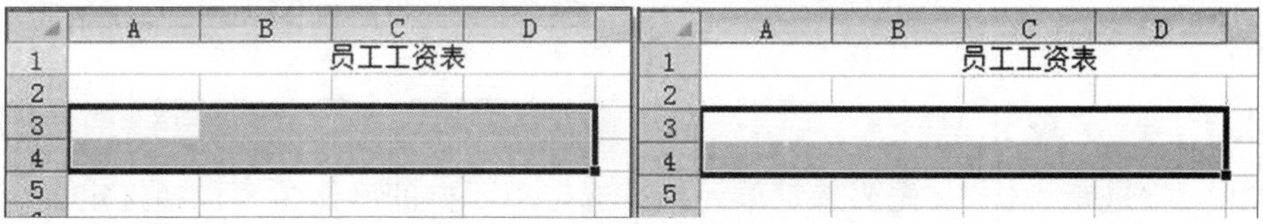

图 4-31　跨越合并

▽ 合并单元格:将所选的单元格区域合并为一个单元格。

▽ 取消单元格合并:合并单元格的逆操作,即拆分单元格。

第二种方法:选定要合并的单元格区域,在选定区域中右击,在弹出的快捷菜单中选择【设置单元格格式】命令,打开【设置单元格格式】对话框,在该对话框【对齐】选项卡的【文本控制】选项区域中选中【合并单元格】复选框,单击【确定】按钮后,即可将选定区域的单元格合并,如图 4-32 所示。

 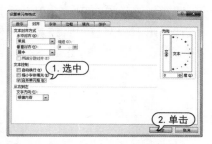

图 4-32　【设置单元格格式】对话框

若要拆分已经合并的单元格,则选定目标,然后单击【合并后居中】按钮旁的倒三角按钮,在弹出的菜单中选择【取消单元格合并】命令即可。

4.4.3　插入和删除单元格

在编辑工作表的过程中,经常需要进行单元格、行和列的插入或删除等编辑操作。

1. 插入行、列和单元格

在工作表中选定要插入行、列或单元格的位置,在【开始】选项卡的【单元格】组中单击【插入】下拉按钮,从弹出的下拉菜单选择相应命令即可插入行、列和单元格。如选择【插入单元格】命令,打开【插入】对话框,在其中可以设置插入单元格后,原有的单元格的移动方向,如图 4-33 所示。

2. 删除行、列和单元格

如果工作表的某些数据及其位置不再需要时,则可以使用【开始】选项卡【单元格】组的【删除】命令按钮,执行删除操作。单击【删除】下拉按钮,从弹出的菜单中选择【删除单元格】命令,会打开【删除】对话框,在其中可以设置删除单元格、行、列后,其他元素的移动方向,如图 4-34 所示。

  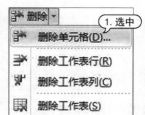 

图 4-33　【插入】对话框　　　　　图 4-34　【删除】对话框

4.4.4　移动和复制单元格

编辑 Excel 工作表时,若数据位置摆放错误,可将其移动到正确的单元格位置;若某单元格区域数据与其他区域数据相同,为避免重复输入,可采用复制单元格操作来编辑工作表。

【例 4-3】 将【3 月第 1 周支出统计表】工作簿的【二周】工作表中的部分数据移动和复制到【四周】工作表中。 视频+素材

STEP 01 启动 Excel 2010 程序,打开【3 月第 1 周支出统计表】工作簿的【二周】工作表。

STEP 02 选中 A1 单元格,打开【开始】选项卡,在【剪贴板】选项组中单击【复制】按钮 。单击【四周】标签,切换到该工作表中,在【剪贴板】选项组中单击【粘贴】下拉按钮,从弹出的【粘贴】列表框中单击【保留源列宽】按钮,粘贴单元格,如图 4-35 所示。

STEP 03 切换到【二周】工作表,选取 A2:E2 单元格区域,右击,从弹出的快捷菜单中选择【复制】命令,如图 4-36 所示。

图 4-35　单击【保留源列宽】按钮　　图 4-36　选择【复制】命令

STEP 04 切换到【四周】工作表中,选择 A2 单元格,在【剪贴板】选项组中单击【粘贴】下拉按钮,从弹出的【粘贴】列表框中单击【保留源列宽】按钮,粘贴单元格区域,如图 4-37 所示。

STEP 05 切换到【二周】工作表,选取 A3:A9 单元格区域,右击,从弹出的快捷菜单中选择【剪切】命令,然后切换到【四周】工作表中,选择 A3 单元格,在【剪贴板】选项组中单击【粘贴】下拉按钮,从弹出的【粘贴】列表框中单击【粘贴】按钮,粘贴单元格区域,如图 4-38 所示。

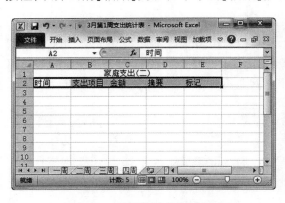
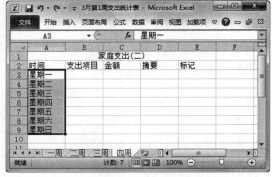

图 4-37　复制粘贴单元格区域　　图 4-38　剪切粘贴单元格区域

4.5　输入表格数据

创建完工作表后,就可以在工作表的单元格中输入数据。用户可以像在 Word 文档中一

样,在工作表中手动输入文本、数字等,也可以使用自动填充功能快速填写有规律的数据。

 4.5.1 输入文本型数据

在 Excel 2010 中,文本型数据是字符或者任何数字和字符的组合。输入到单元格内的任何字符集,只要不被解释成数字、公式、日期、时间或者逻辑值,则 Excel 2010 一律将其视为文本。在 Excel 2010 中输入文本时,系统默认的对齐方式是左对齐。

在表格中输入文本型数据的方法主要有以下 3 种。

▽ 在数据编辑栏中输入:选定要输入文本型数据的单元格,将鼠标光标移动到数据编辑栏处单击,将插入点定位到编辑栏中,然后输入内容。

▽ 在单元格中输入:双击要输入文本型数据的单元格,将插入点定位到该单元格内,然后输入内容。

▽ 选定单元格输入:选定要输入文本型数据的单元格,直接输入内容即可。

【例 4-4】 创建"产品报价"工作簿,在【陶瓷工艺】工作表中输入文本型数据。

视频+素材

STEP 01 启动 Excel 2010 应用程序,新建一个名为"产品报价"的工作簿,并将自动打开的 Sheet1 工作表命名为"陶瓷工艺",如图 4-39 所示。

STEP 02 在 A1 单元格中输入文本标题,按 Enter 键,完成输入,如图 4-40 所示。

图 4-39 命名工作表

图 4-40 输入文本 1

STEP 03 此时,插入点自动转换到 A2 单元格,然后在 A2:F2 单元格中分别输入表格的列标题,如图 4-41 所示。

STEP 04 使用同样的方法,在 C3:C6 和 B3:B6 单元格区域中输入文本型数据,如图 4-42 所示。

图 4-41 输入文本 2

图 4-42 输入文本 3

STEP 05 将鼠标光标移动到 E3 单元格上,此时光标变为【✛】形状,单击鼠标左键选定 E3 单元格,然后打开【插入】选项卡,在【符号】组中单击【符号】按钮。

STEP 06 打开【符号】对话框,在【字体】下拉列表中选择【Wingdings】选项,在其下的列表框中选择实心五角形样式,单击 4 次【插入】按钮,插入 4 个实心五角星,如图 4-43 所示。

STEP 07 在【符号】对话框中选择空心五角星,单击【插入】按钮,插入 1 个空心五角星。单击【关闭】按钮,关闭对话框,按 Enter 键完成输入,如图 4-44 所示。

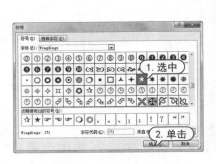

图 4-43 【符号】对话框

图 4-44 显示效果

4.5.2 输入数字型数据

在 Excel 工作表中,数字型数据是最常见、最重要的数据类型,而且,Excel 2010 强大的数据处理功能、数据库功能以及在企业财务、数学运算等方面的应用几乎都离不开数字型数据。在 Excel 2010 中数字型数据包括货币、日期与时间等类型,如表 4-1 所示。

表 4-1 数字型数据

类 型	说 明
数字	默认情况下的数字型数据都为该类型,用户可以设置其小数点格式与百分号格式等
货币	该类型的数字型数据会根据用户选择的货币样式自动添加货币符号
时间	该类型的数字数据可将单元格中的数字变为【00:00:00】的日期格式
百分比	该类型的数字数据可将单元格中的数字变为【00.00%】格式
分数	该类型的数字数据可将单元格中的数字变为分数格式,如将 0.5 变为 1/2
科学计数	该类型的数字数据可将单元格中的数字变为【1.00E+04】格式
其他	除了上述常用的数字数据类型外,用户还可以根据自己的需要自定义数字数据

【例 4-5】 在【陶瓷工艺】工作表中输入数字、日期和货币型数据。 📹视频+素材

STEP 01 启动 Excel 2010 应用程序,打开"产品报价"工作簿的【陶瓷工艺】工作表。

STEP 02 选定 G1 单元格,在其中输入日期型数据"2016-6-12"。选定 A3 单元格,输入数字 1,按 Enter 键,此时数字将右对齐显示,如图 4-45 所示。

STEP 03 选定 D3 单元格,打开【开始】选项卡,单击【数字】组的【常规】下拉按钮,在弹出的列表中选择【货币】选项,如图 4-46 所示。

图 4-45　输入数据 1

图 4-46　选择【货币】选项

STEP 04 在 D3 单元格输入价格"158",按 Enter 键,Excel 会自动添加设置的货币符号。使用同样的方法,在 D4:D6 单元格区域中输入货币型数据,如图 4-47 所示。

图 4-47　输入数据 2

知识点滴

在【开始】选项卡的【数字】组中单击对话框启动器 ,打开【设置单元格格式】对话框中的【数字】选项卡同样可以对数字数据进行设置。设置完毕后,参照输入文本型数据的方法输入数字型数据。

4.5.3　快速填充数据

当需要在连续的单元格中输入相同或者有规律的数据时,可以使用 Excel 提供的快速填充数据功能。

1. 使用控制柄填充相同的数据

选定单元格或单元格区域时会出现一个黑色边框的选区,此时选区右下角会出现一个控制柄,将鼠标光标移动置它的上方时会变成 ✚ 形状,通过拖动该控制柄可实现数据的快速填充,如图 4-48 所示。

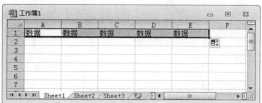

图 4-48　填充相同数据

2. 使用控制柄填充有规律的数据

有时候需要在表格中输入有规律的数字,例如"星期一、星期二……",或"一员工编号、二

员工编号、三员工编号……"以及天干、地支和
年份等数据。此时可以使用 Excel 特殊类型数
据的填充功能进行快速填充。

在起始单元格中输入起始数据,在第二个
单元格中输入第二个数据,然后选择这两个单
元格,将鼠标光标移动到选区右下角的控制柄
上,按住鼠标左键拖动至所需位置,最后释放鼠
标即可根据第一个单元格和第二个单元格中数
据的特点自动填充数据,如图 4-49 所示。

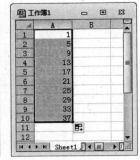

图 4-49　填充有规律的数据

3. 使用【序列】对话框

在【开始】选项卡的【编辑】组中单击【填充】
下拉按钮,在弹出的菜单中选择【系列】命令,打开【序列】对话框,在其中设置填充等差、等
比、日期等特殊数据。

【例 4-6】 在【陶瓷工艺】工作表中快速填充数据。视频+素材

STEP 01 启动 Excel 2010 应用程序,打
开"产品报价"工作簿的【陶瓷工艺】工
作表。

STEP 02 按住鼠标左键,拖动鼠标选定
A3:A6 单元格区域,打开【开始】选项
卡,在【编辑】组中单击【填充】下拉按
钮,在弹出的菜单中选择【系列】命
令,打开【序列】对话框。在【序列产生
在】选项区域中选中【列】单选按钮;在
【类型】选项区域中选中【等差序列】单

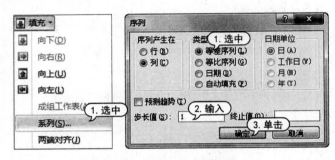

图 4-50　打开【序列】对话框

选按钮;在【步长值】文本框中输入 1,单击【确定】按钮,如图 4-50 所示。

STEP 03 此时,即会在选定的单元格区域中自动填充步长为 1 的等差数列,如图 4-51 所示。

STEP 04 选定 E3 单元格,将光标移动到该单元格右下角的控制柄上,按住鼠标左键拖动鼠标到
单元格 E6 中。释放鼠标左键,此时 E4:E6 单元格区域中填充了相同的数据,如图 4-52 所示。

图 4-51　填充等差数列

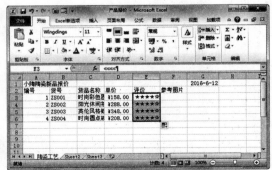

图 4-52　填充相同数据

4.5.4　编辑表格数据

如果在 Excel 2010 的单元格中输入数据时发生了错误，或者要改变单元格中的数据，则需要对数据进行编辑。

1. 更改数据

当单击单元格使其处于活动状态时，单元格中的数据会被自动选取，一旦开始输入，单元格中原来的数据就会被新输入的数据所取代。

如果单元格中包含大量的字符或复杂的公式，而用户只想修改其中的一部分，那么可以按以下两种方法进行编辑。

▽　双击单元格，或者单击单元格后按 F2 键，在单元格中进行编辑。

▽　单击激活单元格，然后单击公式栏，在公式栏中进行编辑。

2. 删除数据

要删除单元格中的数据，可以先选中该单元格，然后按 Delete 键即可；要删除多个单元格中的数据，则可同时选定多个单元格，然后按 Delete 键。

在【开始】选项卡的【编辑】组中，单击【清除】按钮，在弹出的快捷菜单中选择相应的命令，可删除单元格中的相应内容。

3. 移动和复制数据

移动、复制数据基本上和移动、复制单元格的操作一样。也可以使用鼠标拖动法来移动或复制单元格内容。要移动单元格内数据，首先单击要移动的单元格或选定单元格区域，然后将光标移至单元格区域边缘，当光标变为箭头形状后，拖动光标到指定位置并释放鼠标即可，如图 4-53 所示。

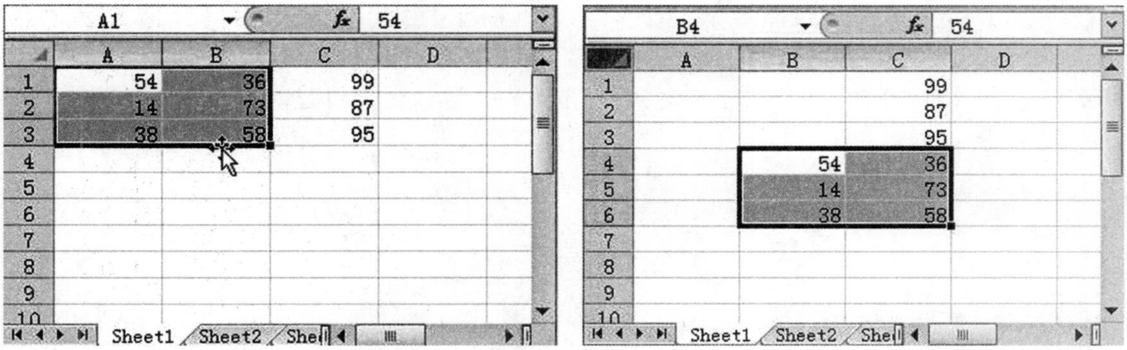

图 4-53　移动数据

4.6　设置表格格式

 4.6.1　设置字体和对齐方式

在 Excel 2010 中，为了使工作表中的某些数据醒目和突出，也为了使整个版面更为丰富，通常需要对不同的单元格设置不同的字体和对齐方式。

【例 4-7】 在【员工工资表】工作表中,设置单元格中数据的字体格式和对齐方式。 🎬视频+素材

STEP 01 启动 Excel 2010 程序,打开"员工工资汇总"工作簿的【员工工资表】工作表。

STEP 02 选中 A1 单元格,在【字体】组的【字体】下拉列表框中选择【隶书】选项,在【字号】下拉列表框中选择 20 选项,在【字体颜色】面板中选择【橙色,强调文字颜色 6】色块,并且单击【加粗】按钮,如图 4-54 所示。

STEP 03 选取单元格区域 A1:G1,在【对齐方式】组中单击【合并后居中】按钮,即可合并标题行居中对齐标题,如图 4-55 所示。

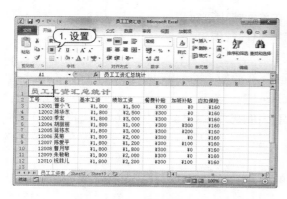

图 4-54　设置字体

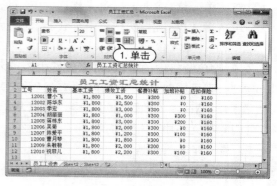

图 4-55　单击【合并后居中】按钮

STEP 04 选定 A2:G2 单元格,在【字体】组单击对话框启动器按钮,打开【设置单元格格式】对话框,打开【字体】选项卡,在【字体】列表框中选择【黑体】选项,在【字号】列表框中选择 12 选项,在【下划线】下拉列表框中选择【会计用单下划线】选项,在【颜色】面板中选择【深蓝,文字 2】色块,如图 4-56 所示。

STEP 05 打开【对齐】选项卡,在【水平对齐】下拉列表中选择【居中】选项,单击【确定】按钮,如图 4-57 所示。

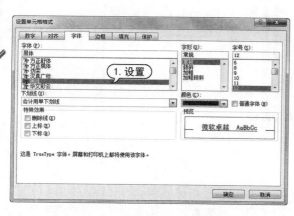

图 4-56　【字体】选项卡

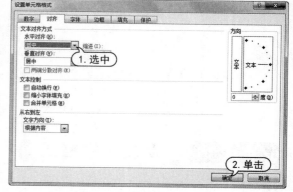

图 4-57　【对齐】选项卡

STEP 06 完成设置后的标题格式如图 4-58 所示。

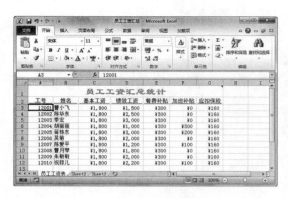

图 4-58　显示效果

4.6.2　设置行高和列宽

在向单元格输入文字或数据时,经常会出现这样的现象:有的单元格中的文字只显示了一半;有的单元格中显示的是一串♯符号,而在编辑栏中却能看见对应单元格的文字或数据。出现这些现象的原因在于单元格的宽度或高度不够,不能将其中的文字正确显示。因此,需要对工作表中的单元格高度和宽度进行适当的调整。

1. 直接更改行高和列宽

要改变行高和列高可以直接在工作表中拖动鼠标进行操作。比如要设置行高,用户在工作表中选中单行,将鼠标指针放置在行与行的标签之间,出现黑色双向箭头时,按住鼠标左键不放,向上或向下拖动,此时会出现提示框,里面显示当前的行高,调整到所需的行高后松开左键即可,如图 4-59 所示,设置列宽方法与此类似。

2. 精确设置行高和列宽

要精确设置行高和列宽,用户可以选定单行或单列,然后选择【开始】选项卡,在【单元格】选项组中,单击【格式】下拉按钮,选择【行高】或【列宽】命令,打开【行高】或【列宽】对话框,输入精确的数字,最后单击【确定】按钮完成操作,如图 4-60 所示。

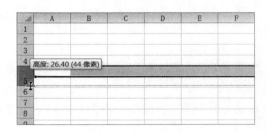

图 4-59　拖动调整行高

图 4-60　【行高】对话框

【例 4-8】　在【员工工资表】工作表中,设置行高和列宽。　⚙视频+素材

STEP 01　启动 Excel 2010 程序,打开"员工工资汇总"工作簿的【员工工资表】工作表。

STEP 02　选择工作表的 B 列,在【开始】选项卡的【单元格】组中,单击【格式】下拉按钮,在弹出的菜单中选择【列宽】命令,打开【列宽】对话框,在【列宽】文本框中输入列宽大小 10,单击【确定】按钮,如图 4-61 所示。

STEP 03 效果如图 4-62 所示。

图 4-61 【列宽】对话框

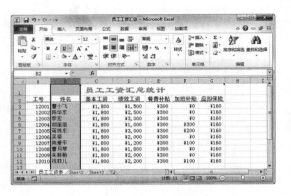

图 4-62 显示列宽效果

STEP 04 使用同样的方法,设置 C、D、E、F、G 列的列宽为 12。

STEP 05 在工作表中选择列标题所在的第 2 行,然后在【单元格】组中单击【格式】下拉按钮,在弹出的菜单中选择【行高】命令,打开【行高】对话框,在【行高】文本框中输入 20,单击【确定】按钮,如图 4-63 所示。

STEP 06 效果如图 4-64 所示。

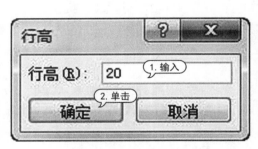

图 4-63 【行高】对话框

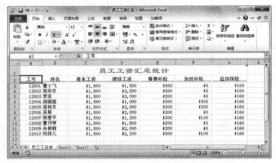

图 4-64 显示行高效果

3. 最合适的行高和列宽

有时表格中多种数据内容的长短不一,看上去较为凌乱,用户可以设置最适合的行高和列宽,实现表格的美观。

在【开始】选项卡中单击【格式】下拉按钮,选择菜单中的【自动调整行高】命令或【自动调整列宽】命令即可调整所选内容有最合适的行高或列宽。

4.6.3 设置边框和底纹

默认情况下,Excel 并不为单元格设置边框,工作表中的框线在打印时并不显示出来。用户可以添加边框和底纹,对工作表进行外观设计。

【例 4-9】 在【员工工资表】工作表中,设置边框和底纹。 视频+素材

STEP 01 启动 Excel 2010 程序,打开"员工工资汇总"工作簿的【员工工资表】工作表。

STEP 02 选定 A2:G12 单元格区域,打开【开始】选项卡,在【字体】组中单击【边框】下拉按钮

轻松学电脑教程系列

，从弹出的菜单中选择【其他边框】命令，打开【设置单元格格式】对话框。

STEP 03 打开【边框】选项卡，在【线条】选项区域的【样式】列表框中选择右列第 6 行的样式，在【颜色】下拉列表框中选择【水绿，强调文字颜色 6】选项，在【预置】选项区域中单击【外边框】按钮，为选定的单元格区域设置外边框。在【线条】选项区域的【样式】列表框中选择左列第 4 行的样式，在【颜色】下拉列表框中选择【橙色，强调文字颜色 6，深色 25%】选项，在【预置】选项区域中单击【内部】按钮，单击【确定】按钮，效果如图 4-65 所示。

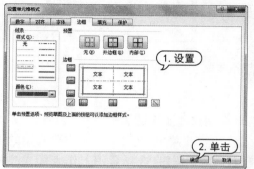
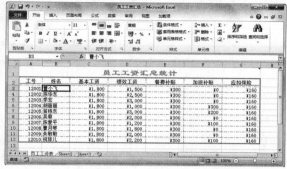

图 4-65　设置边框

STEP 04 选定列标题所在的单元格 A2：G2，打开【设置单元格格式】对话框的【填充】选项卡，在【背景色】选项区域中选择一种颜色，在【图案颜色】下拉列表中选择【白色】色块，在【图案样式】下拉列表中选择一种图案样式。

STEP 05 单击【确定】按钮，为列标题所在的单元格应用设置的底纹，如图 4-66 所示。

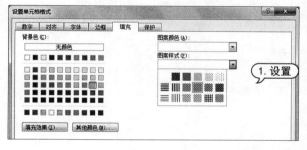

图 4-66　设置底纹

4.6.4　套用内置样式

样式是字体、字号和缩进等格式设置特性的组合。Excel 2010 自带了多种样式，用户可以为单元格或工作表方便地套用这些样式。

1. 套用单元格样式

首先选中需要设置样式的单元格或单元格区域，在【开始】选项卡的【样式】选项组中单击【单元格样式】按钮，在弹出的【主题单元格样式】菜单中选择一种样式，例如选择【60%－强调文字颜色 1】选项，此时表格会自动套用【60%－强调文字颜色 1】样式，如图 4-67 所示。

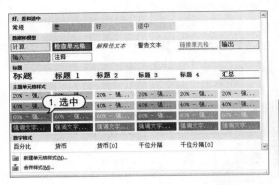

图 4-67　套用单元格样式

2. 套用表格样式

Excel 2010 提供了 60 种表格样式,用户可以自动套用这些预设的表格样式。

在【样式】组中单击【套用表格格式】按钮,弹出工作表样式菜单,在菜单中单击要套用的工作表样式会打开【套用表格式】对话框。单击文本框右边的图按钮,选择套用工作表样式的范围,然后单击【确定】按钮,即可自动套用工作表样式,如图 4-68 所示。

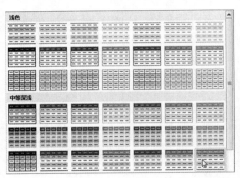

图 4-68　套用表格样式

4.7　案例演练

本章的案例演练为"旅游路线报价表"工作簿和添加表格底纹,用户通过练习可以巩固本章所学知识。

4.7.1　制作旅游报价表

【例 4-10】　创建"旅游路线报价表"工作簿,在其中输入数据,套用单元格格式和表格格式。视频+素材

STEP 01 启动 Excel 2010 应用程序,新建一个名为"旅游路线报价表"的工作簿,并在 Sheet1 工作表中输入数据,如图 4-69 所示。

STEP 02 选定 A1:E1 单元格,然后在【开始】选项卡的【对齐方式】组中单击【合并后居中】按钮

，设置标题居中对齐。

STEP 03　选定 A2:A10 单元格区域,在【开始】选项卡的【单元格】组中单击【格式】按钮,在打开的菜单中选择【自动调整列宽】命令,Excel 2010 会自动调整单元格区域至合适的列宽,如图4-70 所示。

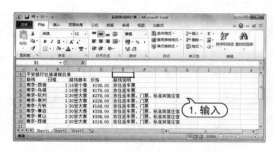

图 4-69　输入文本

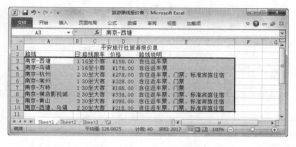

图 4-70　自动调整列宽

STEP 04　选定 E2:E10 单元格区域,在【开始】选项卡的【单元格】组中单击【格式】按钮,在弹出的菜单中选择【列宽】命令,打开【列宽】对话框,在【列宽】文本框中输入 20,然后单击【确定】按钮,精确调整列宽大小,如图 4-71 所示。

图 4-71　设置列宽

STEP 05　在【开始】选项卡的【对齐格式】组中单击【自动换行】按钮，设置 E2:E10 单元格区域中的内容自动换行显示。

STEP 06　选定列标题所在的 A2:E2 单元格区域,在【开始】选项卡的【对齐方式】组中单击【居中】按钮，设置列标题单元格居中对齐。

STEP 07　使用同样的方法,设置 A3:A10、C3:C10 单元格区域中的文本居中对齐,如图 4-72所示。

STEP 08　选定标题所在的单元格,在【开始】选项卡的【字体】组中,设置字体为【华文琥珀】,字号为 18,字体颜色为【紫色】,选定 A2:E2 单元格,在【开始】选项卡的【字体】组中单击【加粗】按钮，设置文本字形为【加粗】,如图 4-73 所示。

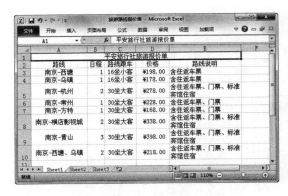

图 4-72 设置文本居中对齐

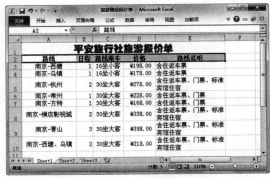

图 4-73 设置字体

STEP 09 选取 A2:E10 单元格区域,在【开始】选项卡的【样式】组中,单击【套用表格格式】按钮,在弹出的表格样式列表中选择【表样式中等深浅 5】选项,打开【套用表格格式】对话框,保持默认设置,单击【确定】按钮,此时将自动套用内置的表格样式,如图 4-74 所示。

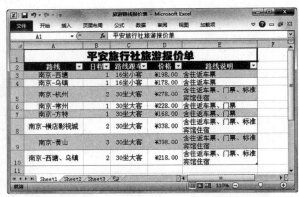

图 4-74 套用表格样式

4.7.2 添加表格底纹

【例 4-11】 打开"员工信息表"工作簿,在【基本资料】工作表中添加底纹颜色。 视频+素材

STEP 01 启动 Excel 2010 应用程序,打开"员工信息表"工作簿的【基本资料】工作表。

STEP 02 选定 A1:F1 单元格区域,右击打开快捷菜单,选择【设置单元格格式】命令,打开【设置单元格格式】对话框的【填充】选项卡,在【图案样式】下拉列表框中选择一种底纹样式,在【图案颜色】下拉列表框中选择橙色,然后单击【确定】按钮,如图 4-75 所示。

STEP 03 返回电子表格,即查看为标题单元格添加底纹后的效果,如图 4-76 所示。

STEP 04 选定 A2:F2 单元格区域,右击打开快捷菜单,选择【设置单元格格式】命令,打开【设置单元格格式】对话框的【填充】选项卡,在【背景色】选项区域中为列标题单元格选择淡蓝色,然后单击【确定】按钮,如图 4-77 所示。

STEP 05 返回表格,即查看为单元格添加底纹颜色后的效果,如图 4-78 所示。

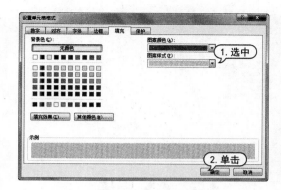

图 4-75　选择样式

图 4-76　添加底纹显示效果

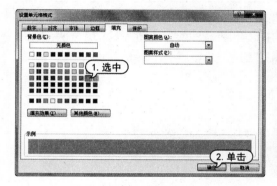

图 4-77　选择颜色

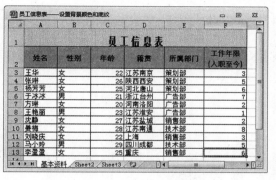

图 4-78　添加底纹颜色显示效果

第 5 章

Excel 表格数据分析

　　Excel 2010 具有强大的图形处理功能和数据计算功能。本章主要介绍 Excel 2010 中的公式和函数、图表、数据汇总等高级操作内容。

5.1　使用公式

为了便于用户管理电子表格中的数据,Excel 2010 提供了强大的公式功能,用户可以运用公式对表格中的数值进行各种运算,让工作变得更加轻松、省心。

5.1.1　公式的组成

Excel 2010 中的公式由一个或多个单元格的值和运算符组成,公式主要用于对工作表进行加、减、乘、除等的运算,类似于数学中的表达式。公式遵循特定的语法:最前面是等号"＝",后面是参与计算的数据对象和运算符,即公式的表达式,如图 5-1 所示。

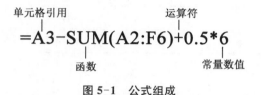

图 5-1　公式组成

公式由以下几个元素构成:

▽ 运算符:指对公式中的元素进行特定类型的运算,不同的运算符可以进行不同的运算,如加、减、乘、除等。

▽ 数值或任意字符串:包含数字或文本等各类数据。

▽ 函数及其参数:用于计算数值。

▽ 单元格引用:指定要进行运算的单元格地址,可以是单个单元格或单元格区域,也可以是同一工作簿中其他工作表中的单元格或其他工作簿的某张工作表中的单元格。

5.1.2　运算符类型和优先级

运算符对公式中的元素进行特定类型的运算。Excel 2010 中包含算术运算符、比较运算符、文本链接运算符与引用运算符 4 种类型。运用多个运算符时必须注意运算符的优先级。

1. 算术运算符

要完成基本的数学运算,如加法、减法和乘法,连接数据和计算数据结果等,可以使用如表 5-1 所示的算术运算符。

表 5-1　算术运算符的含义

算术运算符	含　义
＋(加号)	加法运算
一(减号)	减法运算或负数
*(星号)	乘法运算
/(正斜线)	除法运算
％(百分号)	百分比
^(插入符号)	乘幂运算

2. 比较运算符

比较运算符可以比较两个值的大小。当用运算符比较两个值时，结果为逻辑值，比较成立则为 TRUE，反之则为 FALSE，如表 5-2 所示。

表 5-2　比较运算符的含义

比较运算符	含　义
＝（等号）	等于
＞（大于号）	大于
＜（小于号）	小于
＞＝（大于等于号）	大于或等于
＜＝（小于等于号）	小于或等于
＜＞（不等号）	不相等

3. 文本链接运算符

使用和号（&）可加入或连接一个或多个文本字符串，以产生一串新的文本。例如，A1 单元格中为"于冰冰"，A2 单元格中为"三月份"，A3 单元格中为"销售额统计"，那么公式"＝A1&A2&A3"的值应为"于冰冰三月份销售额统计"，如图 5-2 所示。

图 5-2　使用 & 连接运算符

4. 引用运算符

单元格引用是用于表示单元格在工作表上所处位置的坐标集。使用如表 5-3 所示的引用运算符，可以将单元格区域合并计算。

表 5-3　引用运算符的含义

引用运算符	含　义
:（冒号）	区域运算符，产生对包括在两个引用之间的所有单元格的引用
,（逗号）	联合运算符，将多个引用合并为一个引用
（空格）	交叉运算符，产生两个引用共有的单元格的引用

5. 运算符的优先级

如果公式中用到多个运算符，Excel 2010 将会依照运算符的优先级来依次完成运算。如果公式中包含相同优先级的运算符,例如同时包含乘法和除法运算符,则 Excel 将从左到右进行计算。如表 5-4 所示的是 Excel 2010 中的运算符优先级。其中,运算符优先级从左到右依次降低。

表 5-4　运算符优先级

运算符	含　义
:(冒号)(单个空格),(逗号)	引用运算符
—	负号
%	百分比
^	乘幂
＊和/	乘和除
＋和—	加和减
&	文本链接运算符
=<><=>=<>	比较运算符

5.1.3　输入公式

在 Excel 中通过输入公式进行数据的计算可以避免繁琐的人工计算,提高用户的工作效率。输入公式的方法有手动键盘输入和鼠标单击输入两种。

1. 使用键盘输入公式

使用手动键盘输入公式与在 Excel 中输入数据的方法一样,用户在输入公式之前,先输入一个等号,然后直接输入公式内容即可。

【例 5-1】 通过手动键盘输入公式,计算"销售统计表"中摄像头的销售总额。

📹视频+素材

STEP 01 启动 Excel 2010 程序,打开"销售统计表"工作簿的 Sheet1 工作表,如图 5-3 所示。

STEP 02 选中 D4 单元格,然后在单元格或编辑栏中输入以下公式:" = B4 ＊ C4",如图 5-4 所示。

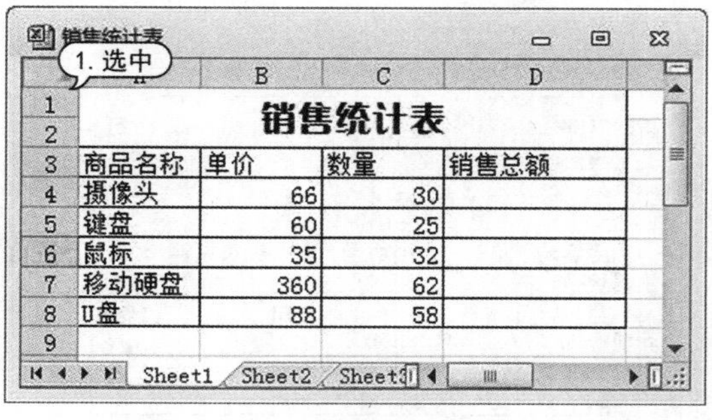

图 5-3　打开工作表

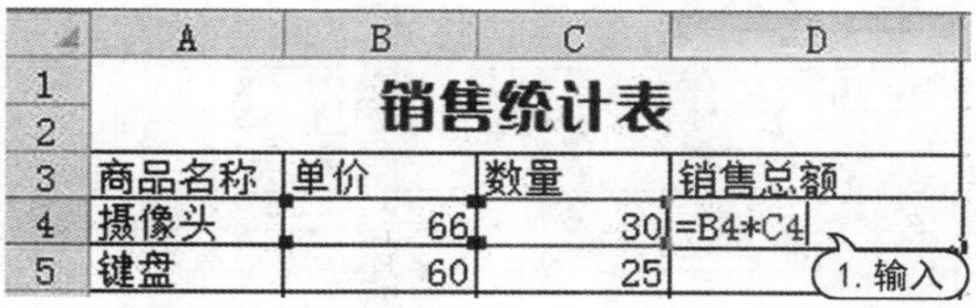

图 5-4　输入公式

STEP 03 完成公式输入后,按下 Enter 键,单元格中即会显示公式计算的结果,如图 5-5 所示。

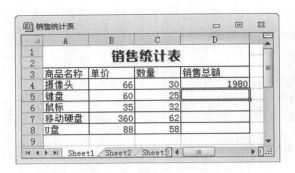

图 5-5　显示计算结果

2. 使用鼠标输入公式

　　当公式中需要引用单元格地址时,通过鼠标单击输入的方式可以有效地提高用户的工作效率,并且能够避免手动键盘输入可能出现的错误。

☞【例 5-2】 通过鼠标单击输入公式,计算"销售统计表"中键盘的销售总额。 视频+素材

STEP 01 启动 Excel 2010 程序,打开"销售统计表"工作簿的 Sheet1 工作表。在该工作表的 D5 单元格中输入等号"＝",如图 5-6 所示。

STEP 02 单击 B5 单元格,即可看到 D5 单元格中显示为"＝B5",如图 5-7 所示。

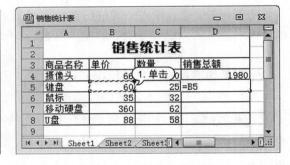

图 5-6　输入等号　　　　　　　　　　图 5-7　单击单元格 1

STEP 03 在 D5 元格中输入"＊",然后单击 C5 单元格,在该单元格中显示"＝B5＊C5",如图 5-8 所示。

STEP 05 完成公式输入后,按下 Enter 键,即会在单元格中显示公式计算的结果,如图 5-9 所示。

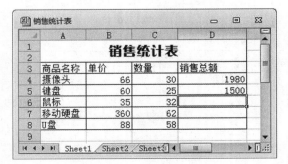

图 5-8　单击单元格 2　　　　　　　　图 5-9　显示计算结果

5.1.4　编辑公式

在 Excel 中，用户有时需要对输入的公式进行编辑，编辑公式主要包括修改、删除和复制等操作。

1. 修改公式

修改公式操作是最基本的公式编辑操作之一，用户可以在公式所在单元格或编辑栏中对公式进行修改。修改公式的方法主要有以下三种。

▽ 双击单元格修改：双击需要修改的公式单元格，选中出错的公式后，重新输入公式，按 Enter 键即可完成修改操作。

▽ 编辑栏修改：选定需要修改公式的单元格，此时在编辑栏中会显示公式，单击编辑栏，进入公式编辑状态后进行修改。

▽ F2 键修改：选定需要修改公式的单元格，按 F2 键，进入公式编辑状态后进行修改。

2. 显示公式

默认设置下，在单元格中只显示公式计算的结果，而公式本身只显示在编辑栏中。为了方便用户对公式进行检查，可以设置在单元格中显示公式。

在【公式】选项卡的【公式审核】组中，单击【显示公式】按钮▧，即可设置在单元格中显示公式。再次单击【显示公式】按钮，即可将显示的公式隐藏。

3. 删除公式

有些电子表格需要使用公式，但在计算完成后，不希望其他用户查看计算公式的内容，此时可以删除电子表格中的数据，保留公式计算结果。

先复制单元格内容，选择【开始】选项卡，在【剪贴板】组中单击【粘贴】下三角按钮，从弹出的菜单中选择【选择性粘贴】命令，打开【选择性粘贴】对话框的【粘贴】选项区域中，选中【数值】单选按钮，然后单击【确定】按钮，如图 5-10 所示。

返回工作簿窗口后即可发现单元格中的公式已经被删除，但是公式计算结果仍然保存在单元格中。

图 5-10　【选择性粘贴】对话框

图 5-11　复制公式

4. 复制公式

通过复制公式操作，可以快速地在其他单元格中输入公式。

复制公式的方法与复制数据的方法相似。右击公式所在的单元格，在弹出的菜单中选择【复制】命令，然后再选定目标单元格，右击弹出菜单，在【粘贴选项】命令选项区域中单击【粘贴】按钮,即可成功复制公式,如图 5-11 所示。

5.1.5 公式的引用

公式的引用就是对工作表中的一个或一组单元格进行标识,告诉公式使用哪些单元格的值。通过引用,可以在一个公式中使用工作表不同部分的数据,或者在几个公式中使用同一单元格的数值。在 Excel 2010 中,常用的引用单元格的方式包括相对引用、绝对引用与混合引用。

1. 相对引用

相对引用是通过当前单元格与目标单元格的相对位置来定位引用单元格的。

相对引用包含了当前单元格与公式所在单元格的相对位置。默认设置下,Excel 2010 使用的都是相对引用,当改变公式所在单元格的位置,引用也随之改变。

【例 5-3】 在"销售统计表"工作簿的【Sheet1】工作表中,通过相对引用将 D4 单元格中的公式复制到 D5:D8 单元格区域中。 视频+素材

STEP 01 启动 Excel 2010,打开"销售统计表"工作簿的 Sheet1 工作表,然后选中 D4 单元格,并输入公式"=B4*C4",计算摄像头的销售总额,如图 5-12 所示。

STEP 02 将鼠标光标移至 D4 单元格右下角的控制点■,当鼠标指针呈十字状态后,按住左键并拖动选定 D5:D8 单元格区域,释放鼠标,即可将 D4 单元格中的公式复制到 D5:D8 单元格区域中,并显示计算结果。此时查看 D5:D8 单元格区域中的公式,可以发现各个公式中的参数发生了变化,如图 5-13 所示。

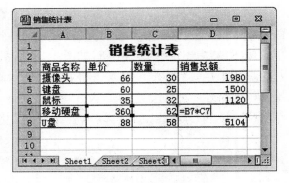

图 5-12 输入公式   图 5-13 拖动鼠标复制公式

2. 绝对引用

绝对引用就是公式中单元格的精确地址与包含公式的单元格的位置无关。复制公式时使用绝对引用,则单元格引用不会发生变化。使用绝对引用的方法是在列标和行号前分别加上美元符号 $。例如,$B$2 表示单元格 B2 的绝对引用,$B$2:$E$5 表示单元格区域 B2:E5 的绝对引用。

【例 5-4】 在"销售统计表"工作簿的【Sheet1】工作表中,通过绝对引用将 D4 单元格中的公式复制到 D5:D8 单元格区域中。 视频+素材

STEP 01 启动 Excel 2010,打开"销售统计表"工作簿的【Sheet1】工作表,然后选中 D4 单元格,并输入公式"=$B$4*$C$4",计算摄像头的销售总额,如图 5-14 所示。

STEP 02 将鼠标光标移至单元格 D4 右下角的控制点■，当鼠标指针呈十字状态后，按住左键并拖动选定 D5:D8 区域。释放鼠标，将会发现在 D5:D8 区域中显示的引用结果与 D4 单元格中的相同。说明使用绝对引用时，公式和函数的参数不会随着单元格的改变而改变，如图 5-15 所示。

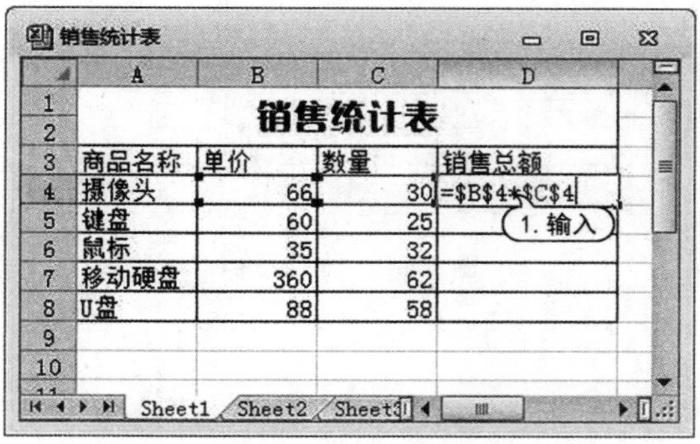

图 5-14　输入公式

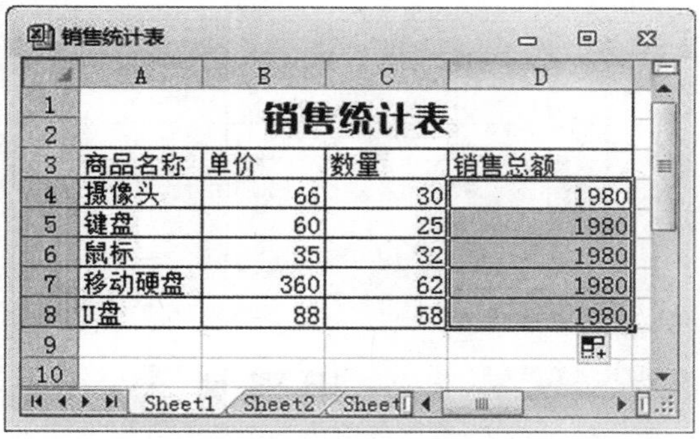

图 5-15　拖动鼠标复制数据

3. 混合引用

混合引用指的是在一个单元格引用中，既有绝对引用，也有相对引用，即具有绝对列和相对行，或具有绝对行和相对列。绝对引用列采用 $B1、$C1 的形式，绝对引用行采用 A$1、B$1 的形式。如果公式所在单元格的位置改变，则相对引用改变，而绝对引用不变。如果多行或多列地复制公式，相对引用自动调整，而绝对引用不作调整。

【例 5-5】 在"销售统计表"工作簿的【Sheet1】工作表中，通过混合引用将 D4 单元格中的公式复制到 E5:E8 单元格区域中。●视频+素材

STEP 01 打开"销售统计表"工作簿的 Sheet1 工作表，完善工作表内容。选中 D4 单元格，输入公式"=$B4*$C4"，其中，$B4、$C4 是绝对列和相对行形式，如图 5-16 所示。

STEP 02 按下 Enter 键后即可得到计算结果，如图 5-17 所示。

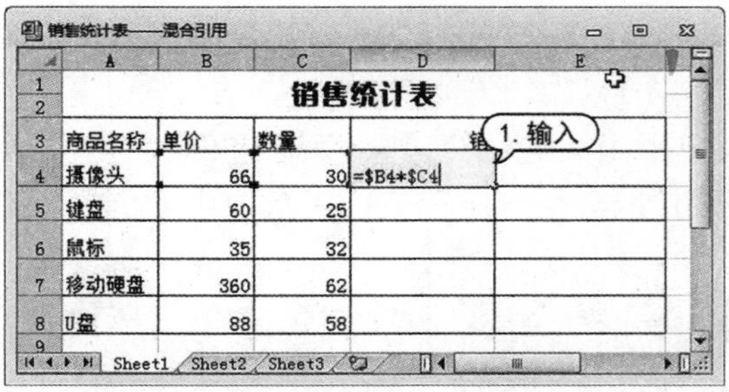

图 5-16　输入公式

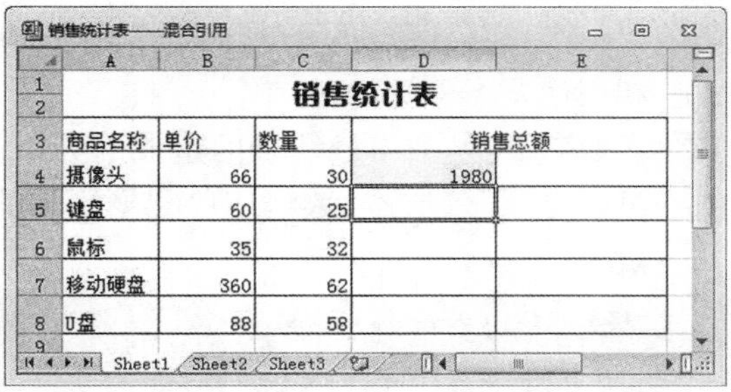

图 5-17　显示结果

STEP 03 选中 D4 单元格，按 Ctrl＋C 键复制，选中 E5 单元格，按 Ctrl＋V 键粘贴，此时 E5 单元格中的公式如图 5-18 所示。从图中可以看出，绝对引用地址没有改变，而相对引用地址发生改变。

STEP 04 将鼠标光标移至单元格 E5 右下角的控制点■，当鼠标指针呈十字状态后，按住左键

并拖动,选定 E6:E8 单元格区域。释放鼠标,完成公式的混合引用操作,如图 5-19 所示。

图 5-18　复制公式

图 5-19　拖动鼠标

5.2　使用函数

　　Excel 2010 将具有特定功能的一组公式组合在一起形成函数。使用函数,可以大大简化公式的输入过程。

5.2.1　函数的组成

　　函数是 Excel 中预定义的一些公式,它将一些特定的计算过程通过程序固定下来,使用称为参数的特定数值按特定的顺序或结构进行计算,将其命名后供用户调用。

图 5-20　函数组成

　　Excel 提供了大量的内置函数,这些函数有一个或多个参数,能够返回一个计算结果。函数中的参数可以是数字、文本、逻辑值、表达式、引用或其他函数。函数的表达式如图 5-20 所示。

　　函数由如下几个元素构成。

▽ 连接符:包括"="、","、"()"等,都必须是英文符号。

▽ 函数名:需要执行运算的函数的名称,一个函数只有唯一的名称,它决定了函数的功能和用途。

▽ 函数参数:函数中最复杂的组成部分,它规定了函数的运算对象、顺序和结构等。参数可以是数字、文本、数组或单元格区域的引用等,必须符合相应的函数要求才能产生有效值。

实用技巧

　　函数以函数名称开始,其参数以"("开始,以")"结束。每个函数必定对应一对括号。函数中可以包含其他函数,即函数可嵌套使用。在多层函数嵌套使用时,尤其要注意一个函数一定要对应一对括号,用于在函数中将各个函数区分开。

5.2.2　插入函数

　　在 Excel 2010 中,大多数函数的操作都是在【公式】选项卡的【函数库】选项组中完成的。插入函数的方法十分简单,在【函数库】组中选择要插入的函数,然后设置函数参数的引用单元格即可。

【例 5-6】 在"销售统计表"的 Sheet1 表的 D9 单元格中插入求平均值函数,计算所有商品的平均销售额。 **视频+素材**

STEP 01 在 Excel 2010 中打开"销售统计表"工作簿的 Sheet1 工作表,然后选定 D9 单元格,如图 5-21 所示。

STEP 02 选择【公式】选项卡,在【函数库】选项组中单击【其他函数】按钮,选择【统计】|【AVER-AGE】命令,如图 5-22 所示。

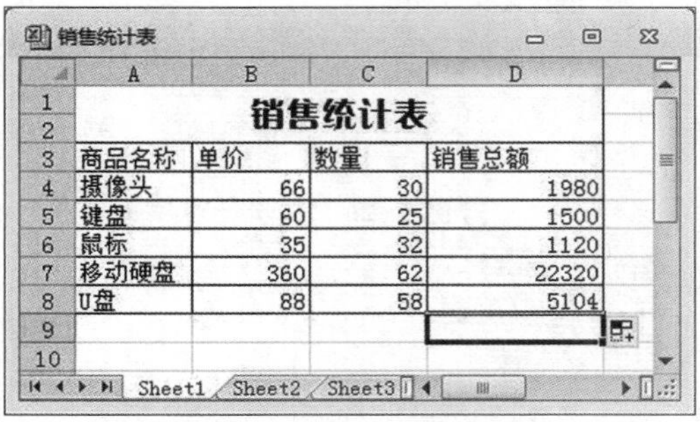

图 5-21　选定单元格

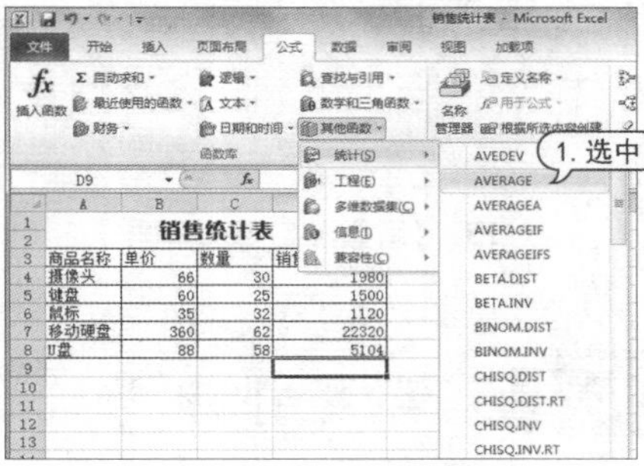

图 5-22　选择函数命令

STEP 03 打开【函数参数】对话框,在 AVERAGE 选项区域的 Number1 文本框中输入计算平均值的范围 D4:D8,单击【确定】按钮,如图 5-23 所示。

STEP 05 此时在 D9 单元格中显示计算结果,如图 5-24 所示。

图 5-23　【函数参数】对话框

图 5-24　显示计算结果

知识点滴

插入函数后,还可以将某个公式或函数的返回值作为另一个函数的参数来使用,这就是函数的嵌套使用。使用该功能的方法为:首先插入 Excel 2010 自带的一个函数,然后修改函数的参数。

5.2.3　编辑函数

用户在运用函数进行计算时,有时需要对函数进行编辑。

【例 5-7】 在"销售统计表"工作簿的【Sheet1】工作表中,修改 D9 单元格中的函数。 **视频+素材**

STEP 01 在 Excel 2010 中打开"销售统计表"工作簿的【Sheet1】工作表,选定 D9 单元格,单击【插入函数】按钮 *fx*,打开【函数参数】对话框,将 Number1 文本框中的单元格地址更改为 D5:

D8,单击【确定】按钮,如图 5-25 所示。

STEP 02 此时即可在工作表的 D9 单元格内看到编辑后的结果,如图 5-26 所示。

图 5-25 【函数参数】对话框   图 5-26 显示计算结果

5.3 数据排序

数据排序是指按一定规则对数据进行整理、排列,为数据的进一步处理做好准备。Excel 2010 提供了多种方式排序,如按升序、降序的方式,也可以由用户自定义排序。

5.3.1 简单排序

Excel 2010 默认的排序是将单元格中的数据进行升序或降序排序。打开【数据】选项卡,在【排序和筛选】组中单击【升序】按钮或【降序】按钮即可。这种排序方式属于单条件排序。

【例 5-8】 创建"模拟考试成绩汇总"工作簿,设置按成绩从高到低重新排列表格中的数据。 视频+素材

STEP 01 启动 Excel 2010,创建一个名为"模拟考试成绩汇总"的工作簿,并输入数据。选择【Sheet1】工作表,选中【成绩】所在的 E3:E26 单元格区域,如图 5-27 所示。

STEP 02 选择【数据】选项卡,在【排序和筛选】组中单击【降序】按钮,打开【排序提醒】对话框。选中【扩展选定区域】单选按钮,然后单击【排序】按钮,如图 5-28 所示。

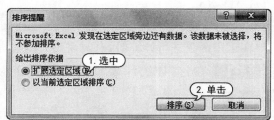

图 5-27 选中单元格区域   图 5-28 【排序提醒】对话框

STEP 03 返回工作簿窗口,此时,在工作表中显示排序后的结果,即按照成绩从高到低的顺序重新排列,如图 5-29 所示。

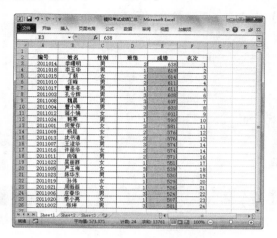

图 5-29　显示排序

◎ **知识点滴**

　　使用【升序】按钮进行升序排列,其结果与降序排序结果相反。

5.3.2　多条件排序

　　快速排序只能使用一个排序条件,表格中的数据可能仍然没有达到用户的排序需求。这时,用户可以设置多个排序条件,依据多列的数据规则对工作表中的数据进行排序操作。

【例 5-9】 在"模拟考试成绩汇总"工作簿中,设置按成绩从低到高排序,如果分数相同,则按班级从低到高排序。 ▶视频+素材

STEP 01 启动 Excel 2010,打开"模拟考试成绩汇总"工作簿的【Sheet1】工作表。

STEP 02 选择【数据】选项卡,在【排序和筛选】组中,单击【排序】按钮。打开【排序】对话框,在【主要关键字】下拉列表框中选择【成绩】选项,在【排序依据】下拉列表框中选择【数值】选项,在【次序】下拉列表框中选择【升序】选项,然后单击【添加条件】按钮,如图 5-30 所示。

STEP 03 在【次要关键字】下拉列表框中选择【班级】选项,在【排序依据】下拉列表框中选择【数值】选项,在【次序】下拉列表框中选择【升序】选项,单击【确定】按钮,如图 5-31 所示。

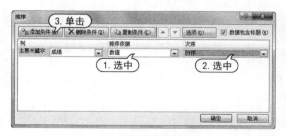

图 5-30　【排序】对话框

图 5-31　添加新排序条件

⚙ **实用技巧**

　　若要删除已添加的排序条件,则在【排序】对话框中选择该排序条件,然后单击上方的【删除条件】按钮即可。

STEP 04 返回工作簿窗口,已按照多个条件对表格中的数据进行排序,如图 5-32 所示。

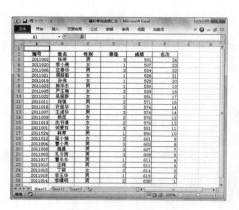

图 5-32　显示排序

5.3.3　自定义排序

Excel 2010 允许用户对数据进行自定义排序,通过【自定义序列】对话框可以对排序的依据进行设置。

【例 5-10】 在"模拟考试成绩汇总"工作簿中进行自定义排序。 视频+素材

STEP 01　启动 Excel 2010,打开"模拟考试成绩汇总"工作簿的【Sheet1】工作表。

STEP 02　将光标定位在表格数据中,选择【数据】选项卡,在【排序和筛选】组中单击【排序】按钮,打开【排序】对话框。在【主要关键字】下拉列表框中选择【性别】选项,在【次序】下拉列表框中选择【自定义序列】选项,如图 5-33 所示。

STEP 03　打开【自定义序列】对话框,在【输入序列】列表框中输入自定义序列内容,然后单击【添加】按钮和【确定】按钮,如图 5-34 所示。

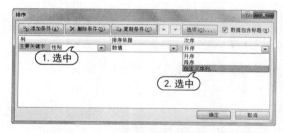

图 5-33　选择【自定义序列】选项

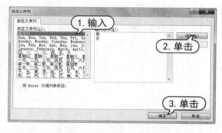

图 5-34　【自定义序列】对话框

STEP 04　返回【排序】对话框,选择刚添加的"男女"次序选项,单击【确定】按钮,完成自定义序列操作,如图 5-35 所示。

图 5-35　显示排序

5.4　数据筛选

数据筛选功能是用于查找特定数据的快速方法。经过筛选后的数据清单只显示包含指定条件的数据行，供用户浏览和分析。

5.4.1　快速筛选

使用 Excel 2010 自带的筛选功能，可以快速筛选表格中的数据。筛选为用户提供了从具有大量记录的数据清单中快速查找符合某种条件记录的可能。使用筛选功能筛选数据时，字段名称将变成一个下拉列表框的框名。

【例 5-11】　在"模拟考试成绩汇总"工作簿中，自动筛选出成绩最高的 3 条记录。📹视频+素材

STEP 01　启动 Excel 2010，打开"模拟考试成绩汇总"工作簿的【Sheet1】工作表。

STEP 02　选择【数据】选项卡，在【排序和筛选】组中单击【筛选】按钮。

STEP 03　进入筛选模式，在列标题单元格中有用于设置筛选条件的下拉列表框，单击【成绩】单元格旁边的倒三角按钮，在弹出的菜单中选择【数字筛选】|【10 个最大的值】命令，如图 5-36 所示。

STEP 04　打开【自动筛选前 10 个】对话框，在【最大】右侧的微调框中输入 3，然后单击【确定】按钮，如图 5-37 所示。

图 5-36　选择命令

图 5-37　输入筛选数

STEP 05　返回工作簿窗口，显示筛选出的模拟考试成绩最高的 3 条记录，即分数最高的 3 个学生的信息，如图 5-38 所示。

图 5-38　显示筛选结果

实用技巧

对于筛选出的满足条件的记录，可以使用排序功能对其进行排序。

5.4.2 高级筛选

对筛选条件较多的情况,可以使用高级筛选功能来处理。

使用高级筛选功能时,必须先建立一个条件区域,用来指定数据所需满足的条件。条件区域的第一行是作为筛选条件的所有字段名,这些字段名与数据清单中的字段名必须完全一致。条件区域的其他行则是筛选条件。需要注意的是,条件区域和数据清单不能连接,必须用一个空行将其隔开。

【例5-12】 在"模拟考试成绩汇总"工作簿中,使用高级筛选功能筛选出成绩大于600分的2班学生的记录。视频+素材

STEP 01 启动 Excel 2010,打开"模拟考试成绩汇总"工作簿的【Sheet1】工作表。

STEP 02 在 A28:B29 单元格区域中输入筛选条件,要求【班级】等于2,【成绩】大于600,如图5-39 所示。

STEP 03 在工作表中选择 A2:F26 单元格区域,然后打开【数据】选项卡,在【排序和筛选】组中单击【高级】按钮,如图5-40 所示。

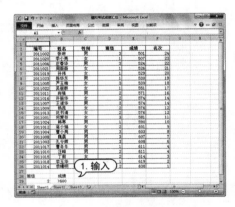

图 5-39 输入筛选条件

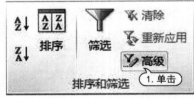

图 5-40 单击【高级】按钮

STEP 04 打开【高级筛选】对话框,单击【条件区域】文本框后面的 按钮,如图5-41 所示。

STEP 05 返回工作簿窗口,选择输入筛选条件的 A28:B29 单元格区域,单击 按钮展开【高级筛选】对话框,如图5-42 所示。

图 5-41 【高级筛选】对话框

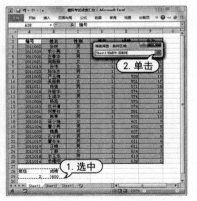

图 5-42 选择单元格区域

STEP 06 查看和设置选定的列表区域与条件区域,单击【确定】按钮,如图 5-43 所示。

STEP 07 返回工作簿窗口,筛选出成绩大于 600 分的 2 班学生的记录,如图 5-44 所示。

图 5-43　单击【确定】按钮

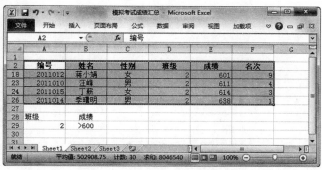

图 5-44　显示筛选结果

5.4.3　模糊筛选

有时筛选数据的条件可能不够精确,只知道其中某一个字或某些内容。用户可以用通配符来模糊筛选表格内的数据。

Excel 中的通配符为 * 和?, * 代表 0 到任意多个连续字符,? 代表有且只有一个字符。通配符只能用于文本型数据,对数值和日期型数据无效。

【例 5-13】 在"模拟考试成绩汇总"工作簿中,筛选出姓"曹"且姓名为 3 个字的数据。 ⊙视频+素材

STEP 01 启动 Excel 2010,打开"模拟考试成绩汇总"工作簿的【Sheet1】工作表。

STEP 02 选中任意一个单元格,单击【数据】选项卡中的【筛选】按钮,进入筛选模式,如图 5-45 所示。

STEP 03 单击 B2 单元格中的下拉箭头,在弹出的菜单中选择【文本筛选】|【自定义筛选】命令,如图 5-46 所示。

图 5-45　单击【筛选】按钮　　　　　　　　　　图 5-46　选择命令

STEP 04 打开【自定义自动筛选方式】对话框,选择条件类型为"等于",在后面的文本框内输入"曹??",然后单击【确定】按钮,如图 5-47 所示。

STEP 05 此时筛选出的结果为姓"曹"且姓名为 3 个字,如图 5-48 所示。

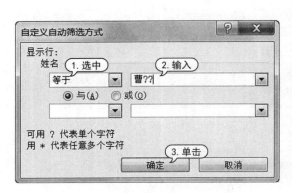

图 5-47 设置条件

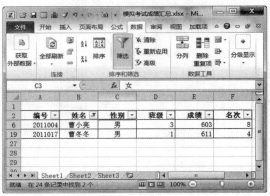

图 5-48 显示筛选结果

5.5 数据分类汇总

分类汇总是对数据清单进行数据分析的一种方法。分类汇总对数据库中指定的字段进行分类,然后统计同一类记录的有关信息,如统计同一类记录的记录条数,还可以对某些数值段求和、求平均值、求极值等。

5.5.1 创建分类汇总

Excel 2010 可以在数据清单中自动进行分类汇总及计算总计值。用户只需指定需要进行分类汇总的数据项、待汇总的数值和用于计算的函数(例如求和函数)即可。

如果使用自动分类汇总,工作表必须组织成具有列标志的数据清单。因此,在创建分类汇总之前,用户必须先根据需要进行分类汇总的数据列对数据清单排序。

【例 5-14】 在"模拟考试成绩汇总"工作簿中,将表中的数据按班级排序后分类,并汇总各班级的平均成绩。 📹视频+素材

STEP 01 启动 Excel 2010 应用程序,打开"模拟考试成绩汇总"工作簿的【Sheet1】工作表。

STEP 02 选定【班级】列,选择【数据】选项卡,在【排序和筛选】组中单击【升序】按钮,打开【排序提醒】对话框,保持默认设置,单击【排序】按钮,对工作表按【班级】升序进行分类排序,如图 5-49 所示。

STEP 03 选定任意一个单元格,选择【数据】选项卡,在【分级显示】组中单击【分类汇总】按钮,如图 5-50 所示。

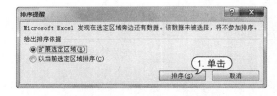

图 5-49 单击【排序】按钮

图 5-50 单击【分类汇总】按钮

实用技巧

　　在分类汇总前,建议用户首先对数据进行排序操作,使得同类数据排列在一起,否则在执行分类汇总时,Excel 只会对连续相同的数据进行汇总。

STEP 04 打开【分类汇总】对话框,在【分类字段】下拉列表框中选择【班级】选项;在【汇总方式】下拉列表框中选择【平均值】选项;在【选定汇总项】列表框中选中【成绩】复选框;选中【替换当前分类汇总】与【汇总结果显示在数据下方】复选框,单击【确定】按钮,如图 5-51 所示。

STEP 05 返回工作簿窗口,即可查看表格分类汇总后的效果,如图 5-52 所示。

图 5-51　【分类汇总】对话框

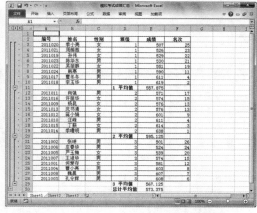

图 5-52　显示分类汇总结果

5.5.2　多重分类汇总

　　在 Excel 2010 中,有时需要同时按照多个分类项来对表格数据进行汇总计算。多重分类汇总需要遵循以下 3 个规则。

▽ 先按分类项的优先级别顺序对表格中相关字段排序。

▽ 按分类项的优先级顺序多次执行【分类汇总】命令,并设置详细参数。

▽ 从第二次执行【分类汇总】命令开始,需要取消选中【分类汇总】对话框中的【替换当前分类汇总】复选框。

【例 5-15】 在"模拟考试成绩汇总"工作簿中,对每个班级的男女成绩进行汇总。视频+素材

STEP 01 启动 Excel 2010 应用程序,打开"模拟考试成绩汇总"工作簿的【Sheet1】工作表。

STEP 02 选中任意一个单元格,在【数据】选项卡内单击【排序】按钮,在弹出的【排序】对话框中,选中【主要关键字】为【班级】,然后单击【添加条件】按钮,如图 5-53 所示。

STEP 03 在【次要关键字】里选择【性别】选项,然后单击【确定】按钮,完成排序,如图 5-54 所示。

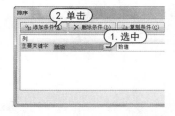

图 5-53　选择主要关键字

图 5-54　选择次要关键字

STEP 04 单击【数据】选项卡中的【分类汇总】按钮,打开【分类汇总】对话框,选择【分类字段】为【班级】,【汇总方式】为【求和】,选中【选定汇总项】的【成绩】复选框,然后单击【确定】按钮,如图 5-55 所示。

STEP 05 此时第一次汇总的结果如图 5-56 所示。

图 5-55 【分类汇总】对话框 1　　　　　图 5-56 汇总结果 1

STEP 06 再次单击【数据】选项卡中的【分类汇总】按钮,打开【分类汇总】对话框,选择【分类字段】为【性别】,汇总方式为【求和】,选中【选定汇总项】的【成绩】复选框,取消选中【替换当前分类汇总】复选框,然后单击【确定】按钮,如图 5-57 所示。

STEP 07 此时表格同时根据【班级】和【性别】两个分类字段进行汇总,单击【分级显示控制按钮】中的"3",即可得到各个班级的男女成绩汇总,如图 5-58 所示。

图 5-57 【分类汇总】对话框 2　　　　　图 5-58 汇总结果 2

5.6 使用图表

为了更加直观地表达表格中的数据,可将数据以图表的形式表示出来。使用 Excel 2010 提供的图表功能,可以更直观地表现表格中数据的发展趋势或分布状况,方便对数据进行对比和分析。

 5.6.1　创建图表

图表的基本结构包括：图表区、绘图区、图表标题、数据系列、网格线、图例等，如图 5-59 所示。

Excel 2010 提供了多种图表，如柱形图、折线图、饼图、条形图、面积图和散点图等，各种图表各有优点，适用于不同的场合。

使用 Excel 2010 内置的图表类型，可以快速地建立各种不同类型的图表。

【例 5-16】 打开【产品价格统计】素材工作簿，在【电器销售额统计】工作表中创建图表。 **视频+素材**

STEP 01 启动 Excel 2010 程序，打开【产品价格统计】工作簿的【电器销售额统计】工作表，如图 5-60 所示。

STEP 02 选定 C3:H10 单元格区域，打开【插入】选项卡，在【图表】组中单击【条形图】按钮，在弹出的菜单中选择【簇状条形图】选项，如图 5-61 所示。

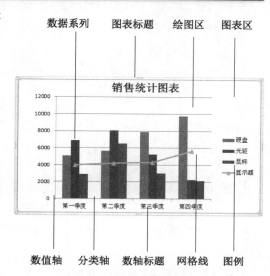

图 5-59　图表结构

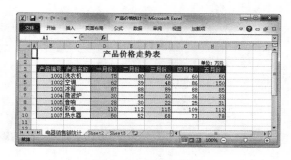

图 5-60　打开工作表

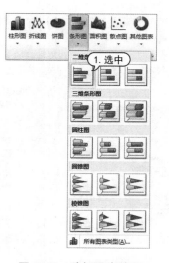

图 5-61　选择图表选项

STEP 03 此时二维簇状条形图将自动被插入工作表中，如图 5-62 所示。

打开【插入】选项卡，在【图表】组单击对话框启动器按钮，打开【插入图表】对话框，在【柱形图】列表框中选择【簇状条形图】选项，单击【确定】按钮，同样可以插入二维簇状条形图，如图 5-63 所示。

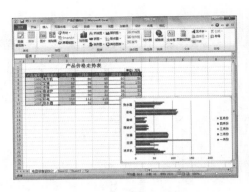

图 5-62 插入图表

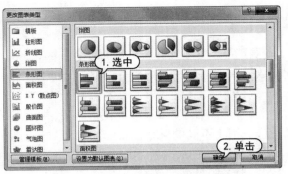

图 5-63 【插入图表】对话框

5.6.2 编辑图表

图表创建完成后,Excel 2010 会自动打开【图表工具】的【设计】、【布局】和【格式】选项卡,在其中可以设置图表位置和大小、图表样式、图表的布局等,还可以为图表添加趋势线和误差线。

【例 5-17】 在【电器销售额统计】工作表中编辑图表。 🎥视频+素材

STEP 01 启动 Excel 2010 程序,打开【产品价格统计】工作簿中的【电器销售额统计】工作表。

STEP 02 选定整个图表,按住鼠标左键并拖动,将虚线位置移动到合适的位置。释放鼠标,即可移动图表至虚线位置,如图 5-64 所示。

STEP 03 打开【图表工具】的【格式】选项卡,在【大小】组的【形状高度】和【形状宽度】文本框中分别输入"6 厘米"和"16 厘米",调节其大小,如图 5-65 所示。

图 5-64 移动图表

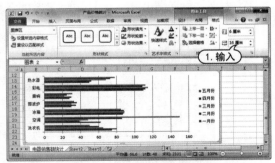

图 5-65 调整大小

STEP 04 选定图表区,打开【图表工具】的【设计】选项卡,在【图表样式】组中单击【其他】按钮,在弹出的表样式列表选择【样式 26】选项,将其应用到图表中,如图 5-66 所示。

STEP 05 选中图表,打开【图表工具】的【布局】选项卡,在【标签】组中单击【图表标题】按钮,从弹出的菜单中选择【居中覆盖标题】命令为图表添加标题,在【图表标题】文本框中输入"价格走势分析",如图 5-67 所示。

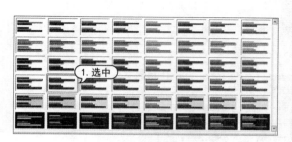

图 5-66　选择样式 1

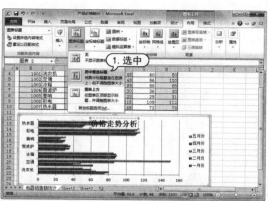

图 5-67　添加标题

STEP 06 打开【图表工具】的【布局】选项卡,在【坐标轴】组中单击【网格线】按钮,从弹出的菜单中选择【主要横网格线】|【主要网格线】命令,为图表添加网格线,如图 5-68 所示。

STEP 07 右击图表区,从弹出的快捷菜单中选择【设置图表区域格式】命令,打开【设置图表区格式】对话框。打开【填充】选项卡,选中【纯色填充】单选按钮,在【填充颜色】选项区域中单击【填充颜色】按钮,从弹出的颜色面板中选择【深蓝,文字 2,淡色 80%】色块,单击【关闭】按钮,如图 5-69 所示。

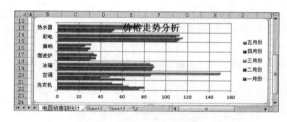

图 5-68　添加网格线

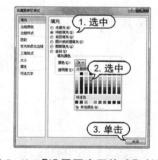

图 5-69　【设置图表区格式】对话框

STEP 08 此时即可为图表区填充背景色,效果如图 5-70 所示。

STEP 09 使用同样的方法,设置绘图区的填充背景色,如图 5-71 所示。

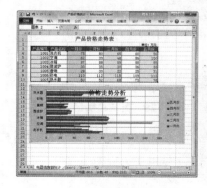

图 5-70　图表区填充背景色

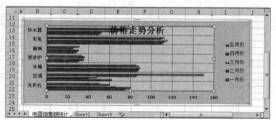

图 5-71　绘图区填充背景色

STEP 10 选中图表,打开【图表工具】的【格式】选项卡,在【艺术字样式】组中单击【其他】按钮▾,从弹出列表中选择一种样式,如图 5-72 所示。

STEP 11 此时即可为图表中的文本快速应用该艺术字样式,如图 5-73 所示。

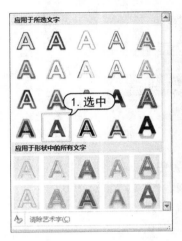

图 5-72　选择样式 2

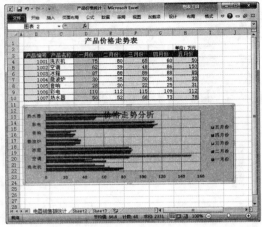

图 5-73　显示效果 1

STEP 12 打开【图表工具】的【布局】选项卡,在【分析】组中单击【趋势线】按钮,从弹出的菜单中选择【线性趋势线】命令,打开【添加趋势线】对话框。选择【五月份】选项,然后单击【确定】按钮,如图 5-74 所示。

STEP 13 此时即可为图表添加五月份各个产品的价格趋势线,如图 5-75 所示。

图 5-74　【添加趋势线】对话框

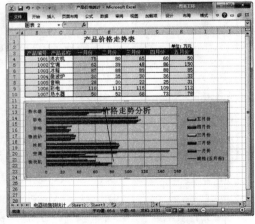

图 5-75　显示趋势线

STEP 14 选中趋势线,打开【图表工具】的【格式】选项卡,在【形状样式】组中单击【其他】按钮▾,在弹出的形状样式列表框选择【中等线-强度颜色 3】样式,如图 5-73 所示。

STEP 15 此时即可为趋势线应用该样式,如图 5-77 所示。

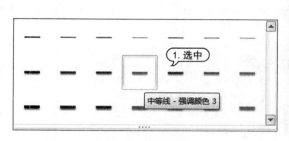

图 5-76　选择样式 3

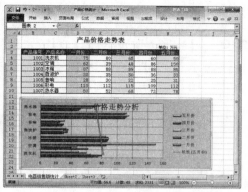

图 5-77　显示效果 2

5.7　使用数据透视表和图

Excel 2010 提供了一种形象实用的数据分析工具——数据透视表及数据透视图,使用该工具可以生动全面地对数据清单进行重新组织和统计。

5.7.1　创建数据透视表

数据透视表是一种对大量数据快速汇总和建立交叉列表的交互式表格,它不仅可以转换行和列以查看源数据的不同汇总结果,也可以显示不同页面以筛选数据或根据需要显示区域中的细节数据。数据透视表会自动将数据源中的数据按用户设置的布局进行分类,从而方便用户分析表中的数据。

要创建数据透视表,必须链接一个数据来源,并输入报表的位置。

【例 5-18】 在"模拟考试成绩汇总"工作簿中创建数据透视表。 🎬视频+素材

STEP 01 启动 Excel 2010 应用程序,打开"模拟考试成绩汇总"工作簿的【Sheet1】工作表。

STEP 02 选择【插入】选项卡,在【表格】组中单击【数据透视表】按钮,在弹出的菜单中选择【数据透视表】命令,如图 5-78 所示。

STEP 03 打开【创建数据透视表】对话框,选中【选择一个表或区域】单选按钮,然后单击🔲按钮,选取 A2:F26 单元格区域;选中【新工作表】单选按钮,然后单击【确定】按钮,如图 5-79 所示。

图 5-78　选择【数据透视表】命令

图 5-79　【创建数据透视表】对话框

141

STEP 04 此时,在工作簿中添加了一个新工作表,同时插入数据透视表,并自动将新工作表命名为"数据透视表",如图 5-80 所示。

STEP 05 在【数据透视表字段列表】窗格的【选择要添加到报表的字段】列表中分别选中【姓名】、【性别】、【班级】、【成绩】和【名次】字段前的复选框,此时,可以看到各字段添加到数据透视表中,如图 5-81 所示。

图 5-80　插入数据透视表　　　　　　　图 5-81　添加各字段

5.7.2　创建数据透视图

数据透视图可以看做是数据透视表和图表的结合,它以图形的形式表示数据透视表中的数据。在 Excel 2010 中,可以基于数据透视表快速创建数据透视图并对其进行设置。

【例 5-19】 在"模拟考试成绩汇总"工作簿中,根据数据透视表创建数据透视图。

视频+素材

STEP 01 启动 Excel 2010 应用程序,打开"模拟考试成绩汇总"工作簿的【数据透视表】工作表。

STEP 02 选定 A5 单元格,打开【数据透视表工具】的【选项】选项卡,在【工具】组中单击【数据透视图】按钮,打开【插入图表】对话框,在【柱形图】选项卡里选择【三维簇状圆形图】选项,然后单击【确定】按钮,如图 5-82 所示。

STEP 03 此时,在数据透视表中插入一个数据透视图,如图 5-83 所示。

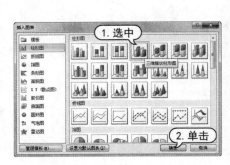
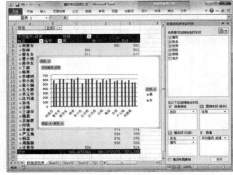

图 5-82　【插入图表】对话框　　　　　　图 5-83　插入数据透视图

STEP 04 打开【数据透视图工具】的【设计】选项卡,在【位置】组中单击【移动图表】按钮,打开【移动图表】对话框。选中【新工作表】单选按钮,在其中的文本框中输入工作表的名称"数据透视图",单击【确定】按钮,如图 5-84 所示。

STEP 05 此时在工作簿中添加了一个新工作表【数据透视图】,同时插入了数据透视图,如图 5-85 所示。

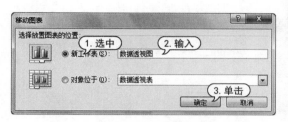

图 5-84　【移动图表】对话框

图 5-85　新工作表中插入数据透视图

5.8　案例演练

本章的案例演练为分析销售数据和制作雷达图表,用户通过练习可以巩固本章所学知识。

5.8.1　分析销售数据

【例 5-20】 创建"销售数据分析"工作簿,使用数据透视表和数据透视图进行数据分析。（视频+素材）

STEP 01 启动 Excel 2010,创建"销售数据分析"工作簿,在【Sheet1】工作表中输入数据,如图 5-86 所示。

STEP 02 选中【选择一个表或区域】单选按钮,然后单击【表/区域】文本框后面的 按钮,在工作表中选中 A1:F10 单元格区域;单击 按钮,返回【创建数据透视表】对话框,如图 5-87 所示。

	A	B	C	D	E	F	G
1	销售月份	销售人员	产品名称	数量	金额	成本	
2	1月	罗通	帽子	20	400	200	
3	1月	赵波	伞	15	150	75	
4	1月	张洋洋	雨衣	18	180	108	
5	2月	乐天	雨衣	21	210	126	
6	2月	张洋洋	帽子	10	20		
7	2月	赵波	帽子	14	280	140	
8	3月	罗通	伞	8	80	40	
9	3月	乐天	伞	12	120	60	
10	3月	张洋洋	雨衣	17	170	102	

图 5-86　输入数据

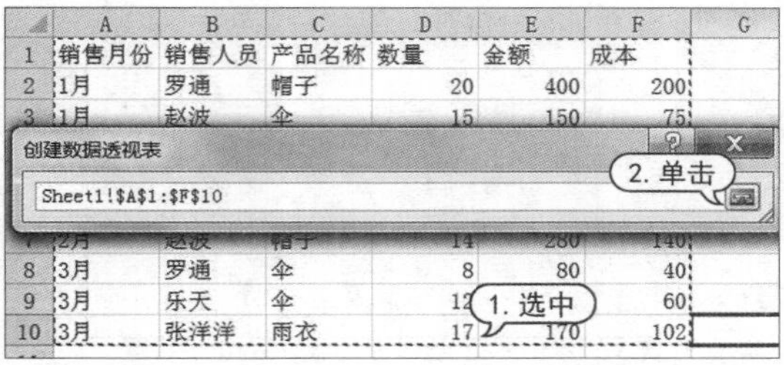

图 5-87　选择区域

轻松学 电脑教程系列

STEP 03 在【选择放置数据透视表的位置】选项区域中,选中【现有工作表】单选按钮;单击【位置】文本框后面的■按钮,选定【Sheet 2】工作表的 A1 单元格,单击■按钮,返回【创建数据透视表】对话框,单击【确定】按钮,如图 5-88 所示。

STEP 04 在【Sheet 2】工作表中插入数据透视表,在【数据透视表字段列表】任务窗格中设置字段布局,工作表中的数据透视表即发生相应的变化,如图 5-89 所示。

图 5-88 【创建数据透视表】对话框

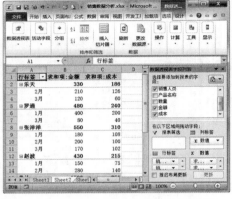

图 5-89 设置字段

STEP 05 选择【数据透视表工具】|【选项】选项卡,选择【计算】组中的【域、项目和集】|【计算字段】命令,如图 5-90 所示。

STEP 06 打开【插入计算字段】对话框,在【名称】框内输入"毛利",在【公式】框内输入计算公式"=金额-成本",单击【添加】按钮,然后单击【确定】按钮,如图 5-91 所示。

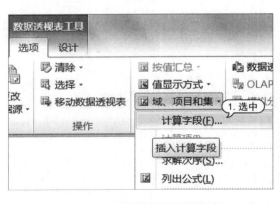

图 5-90 选择【计算字段】命令

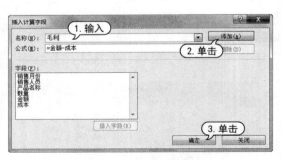

图 5-91 【插入计算字段】对话框

STEP 07 此时数据透视表增加了【毛利】字段,并自动进行计算,如图 5-92 所示。

STEP 08 选择【数据透视表工具】|【设计】选项卡,在【数据透视表样式】组中单击 按钮,打开数据透视表样式列表。在列表中选择一种样式,系统自动套用该样式,如图 5-93 所示。

STEP 09 选择【数据透视表工具】|【选项】选项卡,单击【工具】组中的【数据透视图】按钮,打开【插入图表】对话框,选择【折线图】选项,然后单击【确定】按钮,如图 5-94 所示。

STEP 10 此时【Sheet2】工作表中会添加数据透视图,如图 5-95 所示。

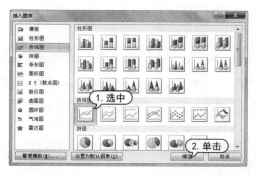

图 5-92　计算毛利

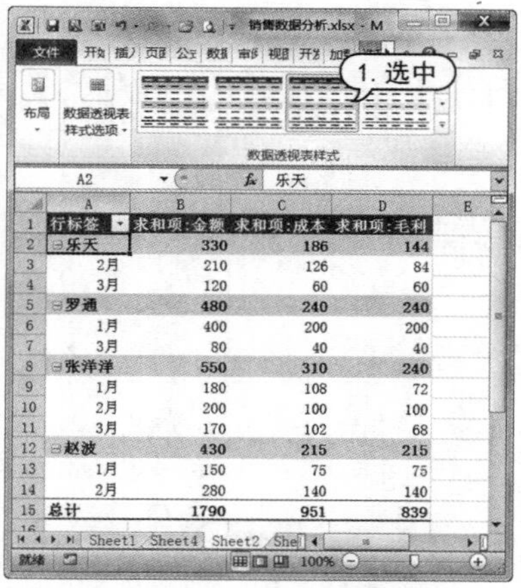

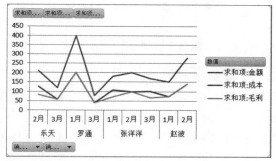

图 5-93　套用样式

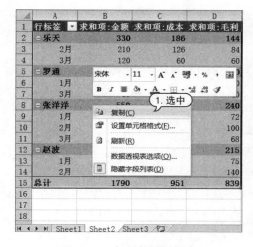

图 5-94　选择【折线图】选项

图 5-95　添加数据透视图

STEP ⑪ 选中【Sheet2】工作表中的数据透视表,复制粘贴到【Sheet3】工作表中,如图 5-96 所示。

STEP ⑫ 打开【字段列表】窗格,选择【销售人员】和【毛利】字段选项,重新布局数据透视表,如图 5-97 所示。

图 5-96　复制数据透视表

图 5-97　布局数据透视表

STEP 13 选择【数据透视表工具】|【选项】选项卡,单击【工具】组中的【数据透视图】按钮,打开【插入图表】对话框。选择【三维饼图】选项,然后单击【确定】按钮,如图 5-98 所示。

STEP 14 创建数据透视图并对图中元素按照需求进行修改,完成后如图 5-99 所示。

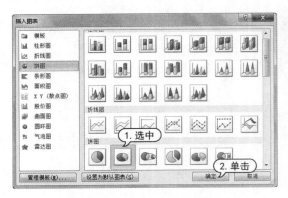

图 5-98 选择【三维饼图】选项

图 5-99 修改元素

5.8.2 制作雷达图

【例 5-21】 创建"柜台职员销售额统计"工作簿,在其中创建雷达图并美化。 视频+素材

STEP 01 启动 Excel 2010 应用程序,新建一个名为"柜台职员销售额统计"的工作簿,在【Sheet1】工作表中创建数据,如图 5-100 所示。

STEP 02 选取 A2:B10 单元格区域,选择【插入】选项卡,在【图表】组中单击【其他图表】按钮,从弹出菜单中选择【雷达图】|【带数据标记的雷达图】选项,如图 5-101 所示。

图 5-100 输入数据

图 5-101 选择雷达图选项

STEP 03 此时系统会根据数据源自动在工作表中生成一个雷达图,如图 5-102 所示。

STEP 04 选中【图表标题】文本框,修改标题内容,设置字体为【黑体】,字号为 20,字体颜色为【深蓝】,调整图表的位置和大小,如图 5-103 所示。

STEP 05 选择【图表工具】的【布局】选项卡,在【标签】组中单击【图例】按钮,从弹出的快捷菜单中选择【在底部显示图例】命令,即可在绘图区下方显示图例,如图 5-104 所示。

STEP 06 在图表网格线上右击,从弹出的快捷菜单中选择【设置网格线格式】命令,如图 5-105 所示。

图 5-102　插入雷达图

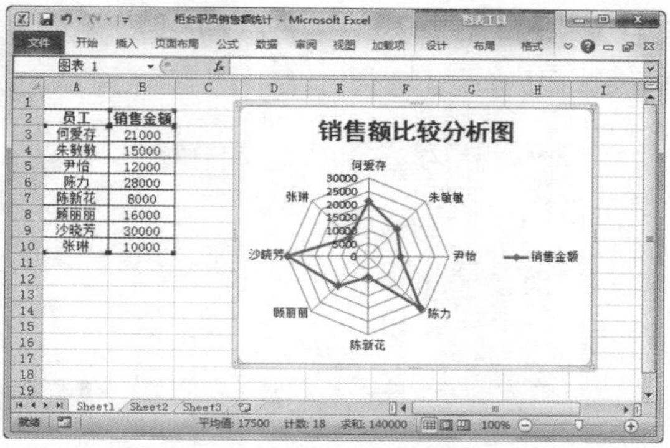

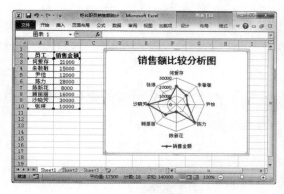

图 5-104　显示图例

图 5-103　设置字体

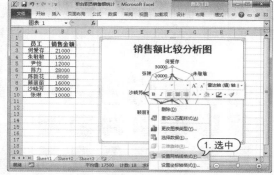

图 5-105　选择【设置网格线格式】命令

STEP 07 打开【设置主要网格线格式】对话框的【线型】选项卡,在【宽度】文本框中输入"1 磅",在【短划线类型】下拉列表框中选择【圆点】选项,然后单击【关闭】按钮,如图 5-106 所示。

STEP 08 图表线型如图 5-107 所示。

图 5-106　设置线型

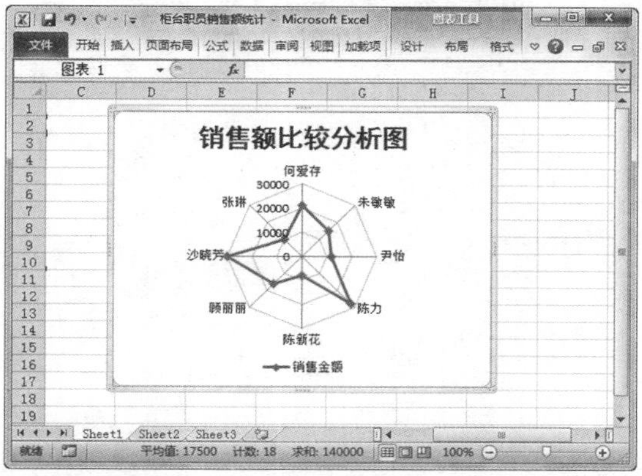

图 5-107　显示效果 1

STEP 09 选择【图表工具】的【设计】选项卡,在【类型】组中单击【更改图表类型】按钮,打开【更改图表类型】对话框。选择【填充雷达图】选项,单击【确定】按钮,如图 5-108 所示。

STEP 10 选择【图表工具】的【设计】选项卡,在【图表样式】组中单击【其他】按钮,从弹出的列表框中选择【样式 11】选项,如图 5-109 所示。

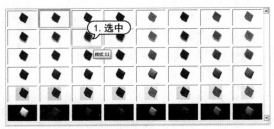

图 5-108 【更改图表类型】对话框　　　　图 5-109 选择样式 1

STEP 11 选中绘图区,打开【图表工具】的【格式】选项卡,在【形状样式】组中单击【其他】按钮,从弹出的列表框中选择第 4 行第 2 列中的样式,如图 5-110 所示。

STEP 12 对图表标题、数据标签和图例中的文字进行字体设置,完成雷达图的制作,如图 5-111 所示。

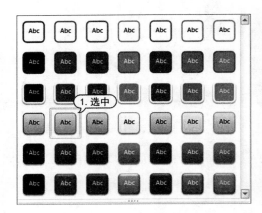

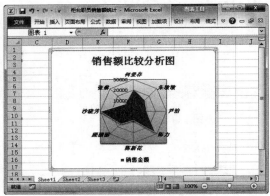

图 5-110 选择样式 2　　　　图 5-111 显示效果 2

第6章

PowerPoint 制作幻灯片

PowerPoint 2010 是 Office 系列中制作演示文稿的软件，它可以制作出集文字、图形、图像、声音以及视频等多媒体元素为一体的演示文稿。本章主要介绍使用 PowerPoint 2010 制作幻灯片的基础操作内容。

对应的光盘视频

6.1　创建演示文稿

使用 PowerPoint 2010 可以轻松地新建演示文稿，其强大的功能为用户提供了方便，本节将介绍多种创建演示文稿的方法。

6.1.1　创建空白演示文稿

空白演示文稿由带有布局格式的空白幻灯片组成，用户可以在空白的幻灯片上设计出具有鲜明个性的背景色彩、配色方案、文本格式和图片等。

创建空白演示文稿的方法主要有以下 2 种。

▽　启动 PowerPoint 自动创建空演示文稿：无论是使用【开始】按钮启动 PowerPoint 2010，还是通过桌面快捷图标启动，都将自动打开空演示文稿，如图 6-1 所示。

▽　使用【文件】按钮创建空演示文稿：单击【文件】按钮，在弹出的菜单中选择【新建】命令。在【可用的模板和主题】列表框中选择【空白演示文稿】选项，单击【创建】按钮，即可新建一个空演示文稿，如图 6-2 所示。

图 6-1　自动打开空演示文稿　　　　图 6-2　选择【新建】命令

6.1.2　根据模板创建演示文稿

模板是一种以特殊格式保存的演示文稿，一旦应用了一种模板，幻灯片的背景图形、配色方案等就都已经确定，所以套用模板可以提高新建演示文稿的效率。

PowerPoint 2010 提供了许多美观的设计模板，这些设计模板将演示文稿的样式、风格，包括幻灯片的背景、装饰图案、文字布局及颜色、大小等均预先定义好。用户在设计演示文稿时可以先选择演示文稿的整体风格，然后再进行进一步的编辑和修改。

【例 6-1】　使用模板【PowerPoint 2010 简介】，创建一个演示文稿。　📹视频

STEP 01　单击【开始】按钮，从弹出的【开始】菜单中选择【所有程序】|【Microsoft Office】|【Microsoft PowerPoint 2010】命令，启动 PowerPoint 2010 应用程序，如图 6-3 所示。

STEP 02　单击【文件】按钮，在弹出的菜单中选择【新建】命令，在【可用模板和主题】列表框中选择【样本模板】选项，如图 6-4 所示。

STEP 03　在打开的【样本模板】列表框中选择【PowerPoint 2010 简介】选项，单击【创建】按钮，如图 6-5 所示。

STEP 04 此时，即可新建一个名为【演示文稿2】的演示文稿，并将应用模板样式，如图6-6所示。

图 6-3　启动 PowerPoint

图 6-4　选择【样本模板】选项

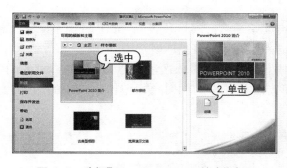

图 6-5　选择【PowerPoint 2010 简介】选项

图 6-6　新建演示文稿

6.1.3　根据现有内容提示创建

如果用户想使用现有演示文稿中的一些内容或风格来设计新的演示文稿，可以使用 PowerPoint 的【根据现有内容新建】功能。这样就能够得到一个和现有演示文稿具有相同内容和风格的新演示文稿，用户只需在原有的基础上进行适当修改即可。

首先单击【文件】按钮，选择【新建】命令，在【可用的模板和主题】列表框中选择【根据现有内容新建】选项，如图6-7所示。

打开【根据现有演示文稿新建】对话框，选择需要应用的演示文稿文件，单击【打开】按钮即可，如图6-8所示。

图 6-7　选择【根据现有内容新建】选项

图 6-8　【根据现有演示文稿新建】对话框

6.2 幻灯片基础操作

一个演示文稿通常包括多张幻灯片,用户可以对其中的幻灯片进行编辑操作,如选择、插入、复制、移动和删除幻灯片等操作。

6.2.1 选择幻灯片

在 PowerPoint 2010 中,用户可以选中一张或多张幻灯片,然后对选中的幻灯片进行操作。

在普通视图中选择幻灯片的方法有以下几种。

▽ 选择单张幻灯片:无论是在普通视图还是在幻灯片浏览视图下,只需单击需要的幻灯片,即可选中该张幻灯片。

▽ 选择编号相连的多张幻灯片:首先单击起始编号的幻灯片,然后按住 Shift 键,单击结束编号的幻灯片,此时两张幻灯片之间的多张幻灯片将被同时选中,如图 6-9 所示。

▽ 选择编号不相连的多张幻灯片:在按住 Ctrl 键的同时依次单击需要选择的每张幻灯片,即可同时选中单击的多张幻灯片。在按住 Ctrl 键的同时再次单击已选中的幻灯片,则取消选择该幻灯片,如图 6-10 所示。

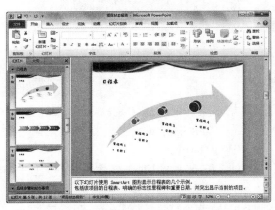

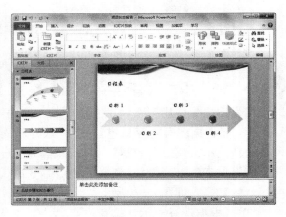

图 6-9　选择编号相连的多张幻灯片　　　　图 6-10　选择编号不相连的多张幻灯片

▽ 选择全部幻灯片:无论是在普通视图还是在幻灯片浏览视图下,按 Ctrl＋A 组合键,即可选中当前演示文稿中的所有幻灯片。

6.2.2 添加幻灯片

在启动 PowerPoint 2010 应用程序后,PowerPoint 会自动建立一张新的幻灯片,随着制作过程的推进,需要向演示文稿中添加更多的幻灯片。

在普通视图中添加幻灯片的方法有以下几种。

▽ 通过【幻灯片】组插入:在幻灯片预览窗格中,选择一张幻灯片,打开【开始】选项卡,在功能区的【幻灯片】组中单击【新建幻灯片】按钮,即可插入一张默认版式的幻灯片。当需要应用其他版式时,单击【新建幻灯片】按钮右下方的下拉箭头,在弹出的版式菜单中选择【标题和内容】选项,即可插入该样式的幻灯片,如图 6-11 所示。

▽ 通过右击插入：在幻灯片预览窗格中，选择一张幻灯片，右击该幻灯片，从弹出的快捷菜单中选择【新建幻灯片】命令，即可在选择的幻灯片之后插入一张新的幻灯片，如图 6-12 所示。

▽ 通过键盘操作插入：通过键盘操作插入幻灯片的方法是最为快捷的方法。在幻灯片预览窗格中选择一张幻灯片，然后按 Enter 键，即可插入一张新幻灯片。

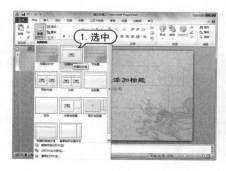

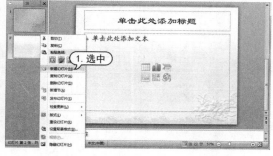

图 6-11　通过【幻灯片】组插入幻灯片　　　　图 6-12　通过右击插入幻灯片

6.2.3　移动和复制幻灯片

PowerPoint 2010 支持以幻灯片为对象的移动和复制操作，可以将整张幻灯片及其内容进行移动或复制。

1. 移动幻灯片

在制作演示文稿时，有时需要调整幻灯片的播放顺序，此时就需要移动幻灯片。

【例 6-2】 在"项目状态报告"演示文稿中移动幻灯片。 ◉视频+素材

STEP 01 启动 PowerPoint 2010 程序，打开"项目状态报告"演示文稿。

STEP 02 选中第 2 张幻灯片，在【开始】选项卡的【剪贴板】组中单击【剪切】按钮✄，如图 6-13 所示。

STEP 03 选中第 1 张幻灯片，在【剪贴板】组中单击【粘贴】按钮，即可将其移动到【默认节】窗格中，如图 6-14 所示。

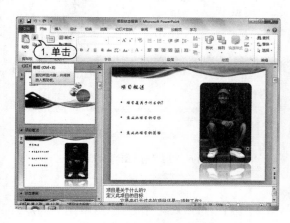

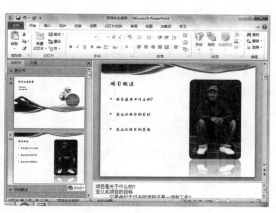

图 6-13　单击【剪切】按钮　　　　　　　图 6-14　粘贴幻灯片 1

153

STEP 04 选中第3、4张幻灯片,右击,从弹出的快捷菜单中选择【剪切】命令,如图6-15所示。

STEP 05 将光标定位在第2张幻灯片下的空隙处,右击,从弹出的快捷菜单中选择【粘贴选项】列表中的【保留源格式】选项,即可将指定的幻灯片移动到目标位置,如图6-16所示。

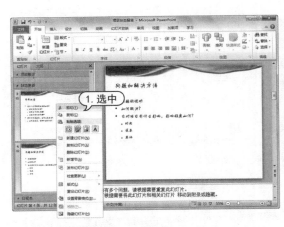

图6-15 选择【剪切】命令

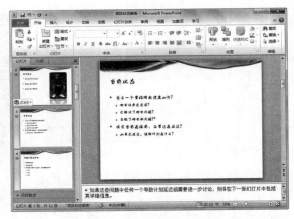

图6-16 粘贴幻灯片2

STEP 06 选中第5~7张幻灯片,按住鼠标左键不放向上拖动,此时光标变为【】形状,且光标对应位置有一条线,表示幻灯片移动后的位置。拖动幻灯片至第4张幻灯片后,释放鼠标。移动后的幻灯片将自动重新编号,如图6-17所示。

STEP 07 选中【后续步骤和拟办事项】节中的第8、第9张幻灯片,按Ctrl+X快捷键,剪切选定的幻灯片。将光标定位在第7张幻灯片下面的位置,按Ctrl+V快捷键,即可将指定幻灯片移动到目标位置,如图6-18所示。

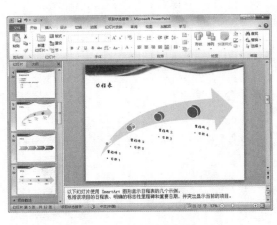

图6-17 拖动幻灯片

图6-18 粘贴幻灯片3

2. 复制幻灯片

PowerPoint支持以幻灯片为对象的复制操作。在制作演示文稿时,为了使新建的幻灯片与已经建立的幻灯片保持相同的版式和设计风格(即使两张幻灯片内容基本相同),可以利用幻灯片的复制功能,复制出一张相同的幻灯片,然后再对其进行适当的修改。

复制幻灯片的基本方法如下:选中需要复制的幻灯片,在【开始】选项卡的【剪贴板】组中单击【复制】按钮 ，或者右击选中的幻灯片,从弹出的快捷菜单中选择【复制】命令。然后在需要插入幻灯片的位置单击,在【开始】选项卡的【剪贴板】组中单击【粘贴】按钮。

 ### 6.2.4　隐藏和删除幻灯片

PowerPoint 2010 允许用户对幻灯片进行隐藏和删除的操作。

1. 隐藏幻灯片

制作好的演示文稿中有的幻灯片可能不是每次放映时都需要放出来,此时就可以将暂时不需要的幻灯片隐藏起来。

在"项目状态报告"演示文稿的幻灯片预览窗口中选择第8张幻灯片缩略图,右击,从弹出的快捷菜单中选择【隐藏幻灯片】命令,如图 6-19 所示。此时,即可隐藏选中的幻灯片。在幻灯片预览窗口中,隐藏的幻灯片编号上将显示【图】标志,如图 6-20 所示。

图 6-19　选择【隐藏幻灯片】命令

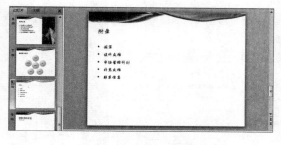

图 6-20　显示隐藏标志

2. 删除幻灯片

在演示文稿中删除多余幻灯片是清除大量冗余信息的有效方法。删除幻灯片的方法主要有以下几种。

▽ 选中需要删除的幻灯片,直接按下 Delete 键。

▽ 右击需要删除的幻灯片,从弹出的快捷菜单中选择【删除幻灯片】命令。

▽ 选中幻灯片,在【开始】选项卡的【剪贴板】组中单击【剪切】按钮。

 ## 6.3　编辑幻灯片文本 》

创建好幻灯片后即可在幻灯片中插入文本内容,文本对文稿中的主题、问题的说明与阐述具有其他方式不可替代的作用,用户可以对文本进行编辑设置。

6.3.1　添加文本

在 PowerPoint 中,不能直接在幻灯片中输入文字,只能通过占位符或文本框来添加。

1. 占位符

占位符是由虚线或影线标记边框的框,是绝大多数幻灯片版式的组成部分。占位符中预设了文字的属性和样式,供用户添加标题文字、项目文字等。

在幻灯片中单击占位符边框,即可选中该占位符;在占位符中单击,即进入文本编辑状态,可直接输入文本。在幻灯片的空白处单击,退出文字编辑状态。

2. 文本框

文本框是一种可移动、可调整大小的文字或图形容器,特性与占位符非常相似。使用文本框,可以在幻灯片中放置多个文字块,使文字按不同的方向排列,打破幻灯片版式的制约,实现在幻灯片中的任意位置添加文字信息的目的。

在 PowerPoint 中可以插入横排文字和竖排文字两种形式的文本框。打开【插入】选项卡,在【文本】组中单击【文本框】下拉按钮,从弹出的下拉菜单中选择【横排文本框】或【竖排文本框】命令,在幻灯片中按住鼠标左键拖动,绘制文本框,光标自动定位于文本框中,此时就可以在其中输入文字。在幻灯片的空白处单击,即可退出文字编辑状态。

【例 6-3】 新建"会计工作报告"演示文稿,并在其中输入文本。 📹视频+素材

STEP 01 启动 PowerPoint 2010 应用程序,单击【文件】按钮,在弹出的菜单中选择【新建】命令,打开 Microsoft Office Backstage 视图,在【可用模板和主题】列表框中选择【我的模板】命令。

STEP 02 打开【新建演示文稿】对话框,在【个人模板】列表中选择【模板】选项,单击【确定】按钮,如图 6-21 所示。

STEP 03 此时,新建了一个新演示文稿,并应用了【模板】样式,如图 6-22 所示。

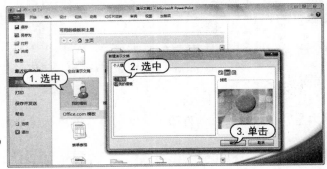

图 6-21　选择【模板】选项

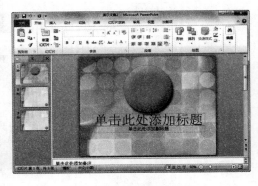

图 6-22　新建演示文稿

STEP 04 默认打开第 1 张幻灯片,单击【单击此处添加标题】文本占位符内部,占位符中将出现闪烁的光标,在占位符中输入文字"会计工作报告";在【单击此处添加副标题】文本占位符中输入文字"——制作人 Miss Li",如图 6-23 所示。

STEP 05 在幻灯片浏览窗格中选择第 2 张幻灯片,将其设置为当前幻灯片。使用同样的方法输入标题文本和正文文本,如图 6-24 所示。

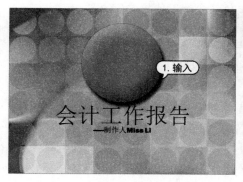

图 6-23　输入文本 1　　　　　　　　　　　图 6-24　输入文本 2

STEP 06 在第 3 张幻灯片中输入标题文本和正文文本,如图 6-25 所示。

STEP 07 在幻灯片浏览窗格中单击第 1 张幻灯片,将其设置为当前幻灯片。

STEP 08 打开【插入】选项卡,在【文本】组中单击【文本框】下拉按钮,在弹出的下拉菜单中选择【横排文本框】命令,移动鼠标指针到幻灯片的编辑窗口,当指针形状变为 ↓ 形状时,在幻灯片编辑窗格中按住鼠标左键并拖动,鼠标指针变成十字形状。当拖动出合适大小的矩形框后,释放鼠标,完成横排文本框的插入,如图 6-26 所示。

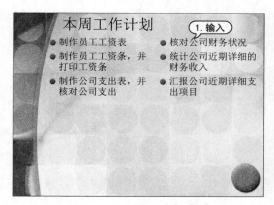

图 6-25　输入文本 3　　　　　　　　　　　图 6-26　插入文本框

STEP 09 此时光标自动位于文本框内,输入文本,如图 6-27 所示。

STEP 10 使用同样的方法在第 3 张幻灯片中绘制一个竖排文本框,并输入文本,如图 6-28 所示。

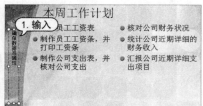

图 6-27　输入文本 4　　　　　　　　　　　图 6-28　输入文本 5

STEP 11 在快速访问工具栏中单击【保存】按钮█,将"会计工作报告"演示文稿保存。

6.3.2 设置文本格式

在 PowerPoint 2010 中,当幻灯片应用了版式后,幻灯片中的文字也就具有了预先定义的属性。但在很多情况下,用户仍需要按照自己的需求对文本格式重新进行设置。

【例 6-4】 在"会计工作报告"演示文稿中,设置文本格式。 🎬视频+素材

STEP 01 启动 PowerPoint 2010 应用程序,打开"会计工作报告"演示文稿。

STEP 02 在第 1 张幻灯片中,选中正标题占位符,在【开始】选项卡的【字体】选项组中单击【字体】下拉按钮,从弹出的下拉列表框中选择【华文彩云】选项;单击【字号】下拉按钮,从弹出的下拉列表框中选择 80 选项;单击【字体颜色】下拉按钮,从弹出的颜色面板中选择【深蓝】选项,如图 6-29 所示。

STEP 03 使用同样的方法,设置副标题占位符中文本字体为【华文行楷】,字号为 44,文本右对齐;设置左下角文本框中文本字体为【楷体】,字号为 20,字体颜色为【玫瑰红】,如图 6-30 所示。

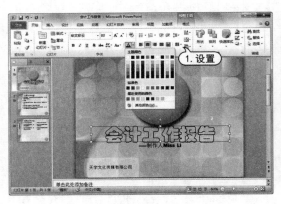

图 6-29 设置文本 1　　　　　　　　　　图 6-30 设置文本 2

STEP 04 分别选中正标题和副标题文本占位符,拖动鼠标调节其位置,如图 6-31 所示。

STEP 05 使用同样的方法,设置第 2、3 张幻灯片标题文本字体为【华文新魏】,字号为 54,字形为【加粗、阴影】,字体颜色为【蓝色,强度文字 2】;设置第 3 张幻灯片文本框中字体为【华文隶书】,字号为 24,字体颜色【绿色,强度文字颜色 1】,如图 6-32 所示。

图 6-31 调整位置　　　　　　　　　　图 6-32 设置文本 3

STEP 06 在快速访问工具栏中单击【保存】按钮■，将"会计工作报告"演示文稿保存。

6.3.3　设置段落格式

为了使演示文稿更加美观、清晰，可以在幻灯片中为文本设置段落格式，如缩进值、间距值和对齐方式。

【例 6-5】 在"会计工作报告"演示文稿中，设置段落格式。视频+素材

STEP 01 启动 PowerPoint 2010 应用程序，打开"会计工作报告"演示文稿。

STEP 02 切换至第 2 张幻灯片，选中【单击此处添加文本】占位符，在【开始】选项卡的【段落】选项组中单击对话框启动器■，打开【段落】对话框的【缩进和间距】选项卡，在【行距】下拉列表框中选择【1.5 倍行距】选项，单击【确定】按钮，如图 6-33 所示。

STEP 03 此时即可将段落行距设置为 1.5 倍行距，效果如图 6-34 所示。

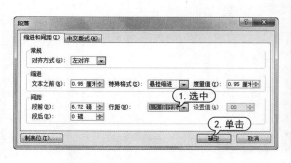

图 6-33　设置段落格式

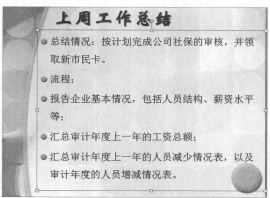

图 6-34　显示效果

STEP 04 选中后 3 段项目文本，在【段落】组中单击【提高列表级别】按钮，增大段落缩进级别，如图 6-35 所示。

STEP 05 使用同样的方法，将第 3 张幻灯片的【单击此处添加文本】占位符中的段落行距设置为固定值 40 磅，如图 6-36 所示。

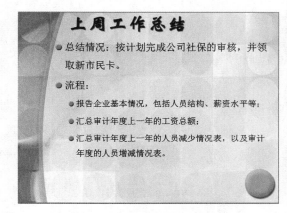

图 6-35　增大段落缩进级别

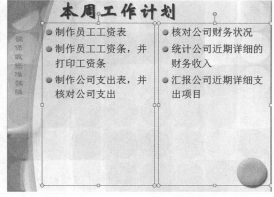

图 6-36　设置段落行距

STEP 06 在快速访问工具栏中单击【保存】按钮■,将"会计工作报告"演示文稿保存。

 6.3.4 添加项目符号和编号

在演示文稿中,为了使某些内容更为醒目,可以使用项目符号和编号,强调一些特别重要的观点或条目。

【例6-6】 在"会计工作报告"演示文稿中,添加并设置项目符号和编号。 视频+素材

STEP 01 启动 PowerPoint 2010 应用程序,打开"会计工作报告"演示文稿。

STEP 02 在幻灯片预览窗口中选择第2张幻灯片缩略图,将其显示在幻灯片编辑窗口中。选择"流程"下的文本段,在【开始】选项卡的【段落】组中单击【编号】下拉按钮■,从弹出的列表中选择【项目符号和编号】命令,如图6-37所示。

STEP 03 打开【项目符号和编号】对话框的【编号】选项卡,选择一种样式,在【大小】微调框中输入150;单击【颜色】按钮,在弹出的颜色面板中选择【红色】色块,单击【确定】按钮,如图6-38所示。

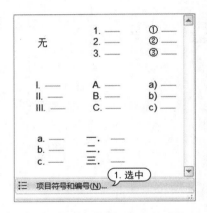

图6-37 选择【项目符号和编号】命令

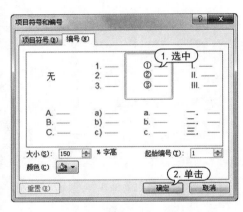

图6-38 【编号】选项卡

STEP 04 此时在所选段落上添加编号,效果如图6-39所示。

STEP 05 切换至第3张幻灯片,选中左侧占位符中的文本段,在【段落】组中单击【项目符号】下拉按钮■,从弹出的列表中选择【项目符号和编号】命令。打开【项目符号和编号】对话框的【项目符号】选项卡,单击【图片】按钮,如图6-40所示。

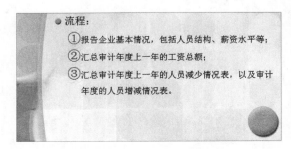

图6-39 添加编号

图6-40 单击【图片】按钮

STEP 06 打开【图片项目符号】对话框,在列表框中选择一种图片,单击【确定】按钮,即可为选

中的段落应用图片项目符号,如图 6-41 所示。

STEP 07 使用同样的方法,设置右侧占位符中项目符号的样式。拖动鼠标,调整左右两个文本占位符的大小和位置,如图 6-42 所示。

图 6-41　【图片项目符号】对话框　　　　　　图 6-42　设置项目符号样式

6.4　插入修饰元素

在 PowerPoint 2010 中,可以在幻灯片中插入图片、表格、视频等多媒体对象,使其页面效果更加丰富。

6.4.1　插入艺术字

艺术字是一种特殊的图形文字,常被用来修饰幻灯片的标题文字。插入艺术字后,可以对艺术字进行编辑操作。

【例 6-7】创建"蒲公英介绍"演示文稿,在其中插入艺术字。 视频+素材

STEP 01 启动 PowerPoint 2010 应用程序,创建演示文稿,并将其以"蒲公英介绍"为名保存,如图 6-43 所示。

STEP 02 在幻灯片预览窗口中选择第 2 张幻灯片缩略图,将其显示在幻灯片编辑窗口中,按 Ctrl + A 快捷键,选中所有的占位符,按 Delete 键,删除占位符,如图 6-44 所示。

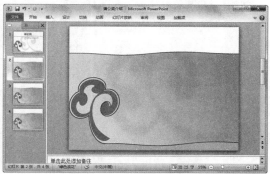

图 6-43　创建演示文稿　　　　　　　　图 6-44　删除占位符

STEP 03 打开【插入】选项卡,在【文本】组中单击【艺术字】按钮,从弹出的列表框中选择第6行第5列的样式,即可在第2张幻灯片中插入艺术字,如图6-45所示。

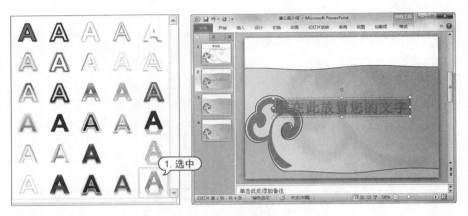

图 6-45　插入艺术字

STEP 04 在【请在此处放置您的文字】占位符中输入文字,拖动鼠标调整艺术字的位置,效果如图6-46所示。

STEP 05 使用同样的方法,删除第3张幻灯片中的所有文本占位符,并在其中创建与第2张幻灯片相同样式的艺术字。

STEP 06 切换至第4张幻灯片,在【单击此处添加标题】占位符中输入文本,设置其字体为【华文琥珀】,字号为60,字体颜色为【绿色】。选中【单击此处添加文本】占位符,按Delete键,将其删除,如图6-47所示。

STEP 07 在快速工具栏中单击【保存】按钮□,将"蒲公英介绍"演示文稿保存。

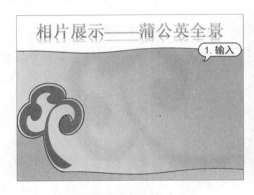

图 6-46　输入文本 1

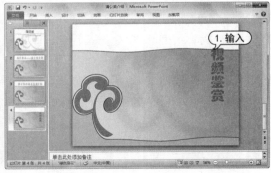

图 6-47　输入文本 2

6.4.2　插入图片

在演示文稿中插入图片,可以更生动形象地阐述主题和思想。在插入图片时,要充分考虑幻灯片的主题,使图片和主题和谐一致。

1. 插入剪贴画

要插入剪贴画,可以在【插入】选项卡的【插图】组中单击【剪贴画】按钮,打开【剪贴画】任务窗格,在剪贴画预览列表中单击某张剪贴画,即可将其添加到幻灯片中,如图 6-48 所示。

　　2. 插入截图

　　和其他 Office 组件一样,PowerPoint 2010 也新增了屏幕截图功能。打开要截取的图片,切换至演示文稿窗口,打开【插入】选项卡,在【图像】组中单击【屏幕截图】按钮,从弹出的菜单中选择【屏幕剪辑】命令,此时将自动切换到图片视窗,按住鼠标左键并拖动以截取图片,释放鼠标,即可完成截图操作,如图 6-49 所示。

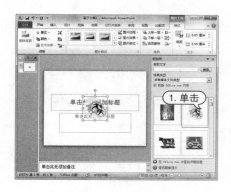

图 6-48　插入剪贴画

图 6-49　插入截图

　　3. 插入电脑中的图片

　　要插入电脑中的图片,首先打开【插入】选项卡,在【图像】组中单击【图片】按钮,打开【插入图片】对话框,选择需要的图片后,单击【插入】按钮即可。

【例 6-8】　在"蒲公英介绍"演示文稿中插入剪贴画和图片。●视频+素材

STEP 01　启动 PowerPoint 2010 应用程序,打开"蒲公英介绍"演示文稿,此时自动打开第 1 张幻灯片。

STEP 02　打开【插入】选项卡,在【图像】组中单击【剪贴画】按钮,打开【剪贴画】任务窗格。在【搜索文字】文本框中输入"蒲公英",单击【搜索】按钮,在其下的列表框中将显示剪贴画,单击所需的剪贴画,将其添加到幻灯片中,如图 6-50 所示。

STEP 03　拖动鼠标调整剪贴画的大小和位置,效果如图 6-51 所示。

图 6-50　插入剪贴画

图 6-51　调整大小和位置

STEP 04 在幻灯片预览窗口中选择第 2 张幻灯片缩略图,将其显示在幻灯片编辑窗口中。

STEP 05 在【图像】组中,单击【图片】按钮,打开【插入图片】对话框,选中要插入的图片,单击【插入】按钮,如图 6-52 所示。

STEP 06 拖动鼠标调整图片的大小和位置,效果如图 6-53 所示。

图 6-52 【插入图片】对话框

图 6-53 插入图片

STEP 07 同时选中两张图片,打开【图片工具】的【格式】选项卡,在【图片样式】组中单击【其他】按钮,从弹出的列表框中选择一种样式,如图 6-54 所示。

STEP 08 此时应用该样式,效果如图 6-55 所示。

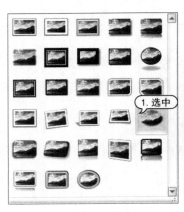

图 6-54 选择样式

图 6-55 显示效果

6.4.3 插入表格

使用 PowerPoint 制作一些专业型演示文稿时,通常需要使用表格,例如销售统计表、财务报表等。表格采用行列化的形式,与文字相比,更能体现出数据的对应性及内在的联系。

【例 6-9】 在"蒲公英介绍"演示文稿中插入表格。 🎬视频+素材

STEP 01 启动 PowerPoint 2010 应用程序,打开"蒲公英介绍"演示文稿。

STEP 02 在幻灯片预览窗口中选择第 3 张幻灯片缩略图,将其显示在幻灯片编辑窗口中。

STEP 03 打开【插入】选项卡,在【表格】组中单击【表格】下拉按钮,从弹出的菜单中选择【插入表格】命令,打开【插入表格】对话框,在【列数】和【行数】文本框中分别输入 2 和 5,单击【确定】按钮,如图 6-56 所示。

STEP 04 此时在幻灯片中插入 5 行 2 列的一个表格，输入表格内容，并拖动鼠标调节其大小和位置，如图 6-57 所示。

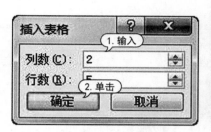

图 6-56　【插入表格】对话框　　　图 6-57　输入表格内容

STEP 05 打开【表格工具】的【设计】选项卡，在【表格】组中单击【其他】按钮，在弹出的列表框中选择一种淡色表格样式，如图 6-58 所示。

STEP 06 打开【表格工具】的【布局】选项卡，在【对齐方式】组中单击【居中】按钮和【垂直居中】按钮，设置表格文本居中对齐，如图 6-59 所示。

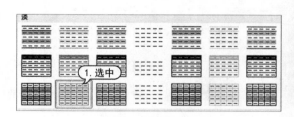

图 6-58　选择表格样式　　　图 6-59　设置表格文本居中对齐

6.4.4　插入多媒体对象

在 PowerPoint 2010 中可以方便地插入音频和视频等多媒体对象，使用户的演示文稿从画面到声音多方位地向观众传递信息。

1．插入音频

打开【插入】选项卡，在【媒体】组中单击【音频】下拉按钮，在弹出的下拉菜单中选择【剪辑画音频】命令。此时 PowerPoint 将自动打开【剪贴画】任务窗格，该窗格显示了剪辑中所有的声音，单击某个声音文件，即可将该声音文件插入到幻灯片中，如图 6-60 所示。

用户还可以插入文件中的声音。在【音频】下拉菜单中选择【文件中的音频】命令，打开【插入音频】对话框，从该对话框中选择需要插入的声音文件，然后单击【确定】按钮，即可将其插入到幻灯片中，如图 6-61 所示。

图 6-60　[剪贴画]音频　　　　　　　　　　图 6-61　【插入音频】对话框

2．插入视频

打开【插入】选项卡，在【媒体】选项组中单击【视频】下拉按钮，在弹出的下拉菜单中选择【剪辑画视频】命令，此时 PowerPoint 将自动打开【剪贴画】任务窗格，该窗格显示了剪辑中所有的视频或动画，单击某个动画文件，即可将该剪辑文件插入到幻灯片中，如图 6-62 所示。

但很多情况下，PowerPoint 剪辑库中提供的影片并不能满足用户的需要，这时可以选择插入文件中的影片。单击【视频】下拉按钮，在弹出的菜单中选择【文件中的视频】命令，打开【插入视频文件】对话框。选择视频文件，单击【插入】按钮即可，如图 6-63 所示。

图 6-62　[剪贴画]视频　　　　　　　　　　图 6-63　【插入视频文件】对话框

【例 6-10】 在"蒲公英介绍"演示文稿中插入音频和视频。 视频+素材

STEP 01 启动 PowerPoint 2010 应用程序，打开"蒲公英介绍"演示文稿，自动打开第 1 张幻灯片。

STEP 02 打开【插入】选项卡，在【媒体】选项组中单击【音频】下拉按钮，从弹出的菜单中选择【文件中的音频】命令，打开【插入音频】对话框。选择需要插入的声音文件，单击【确定】按钮，即可插入声音，如图 6-64 所示。

STEP 03 此时幻灯片中将出现声音图标，使用鼠标将其拖动到幻灯片的左下方，如图 6-65

所示。

图 6-64　【插入音频】对话框

图 6-65　拖动声音图标

STEP 04 选择第 4 张幻灯片,打开【插入】选项卡,在【媒体】组中单击【视频】下拉按钮,从弹出的下拉菜单中选中【文件中的视频】命令,打开【插入视频文件】对话框。选择视频文件,然后单击【插入】按钮,如图 6-66 所示。

STEP 05 此时即可插入视频,调节其大小和位置,如图 6-67 所示。

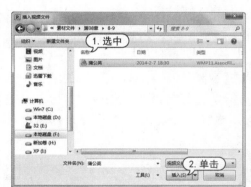

图 6-66　【插入视频文件】对话框

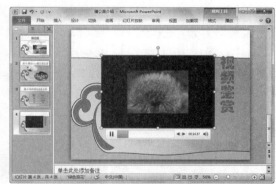

图 6-67　调整视频

STEP 06 打开【视频工具】的【播放】选项卡,在【视频选项】组中单击【开始】下拉按钮,从弹出的下拉列表中选择【自动】命令,为视频应用自动播放效果。

6.5　案例演练

　　本章的案例演练为制作"模拟航行"演示文稿和制作电子相册,用户通过练习可以巩固本章所学知识。

6.5.1　制作演示文稿

【例 6-11】 制作名为"模拟航行"的演示文稿。 🎬视频+素材

STEP 01 启动 PowerPoint 2010,新建一个空白演示文稿,并将其命名为"模拟航行"。

STEP 02 打开【设计】选项卡,在【主题】选项组中单击【其他】按钮,从弹出的【内置】列表框中选

择【角度】样式，如图 6-68 所示。

STEP 03 将该样式应用到当前演示文稿中，如图 6-69 所示。

图 6-68　选择主题

图 6-69　应用样式

STEP 04 在【单击此处添加标题】文本占位符中输入文字"从虚拟到现实"，设置文字字体为【华文琥珀】，字号为 60；在【单击此处添加副标题】文本占位符中输入文字"计算机模拟航行"，字号为 24，字形为【加粗】，如图 6-70 所示。

STEP 05 打开【插入】选项卡，在【媒体】选项组中单击【视频】下拉按钮，在弹出的菜单中选择【剪辑画视频】命令，打开【剪贴画】任务窗格。单击第 1 个剪辑，将其添加到幻灯片中，被添加的影片剪辑周围出现 8 个白色控制点，使用鼠标调整该影片的大小和位置，如图 6-71 所示。

图 6-70　输入文本 1

图 6-71　选择剪贴画

STEP 06 关闭【剪贴画】任务窗格，在幻灯片预览窗口中选择第 1 张幻灯片缩略图，按 Enter 键，添加一张新幻灯片，如图 6-72 所示。

STEP 07 在【单击此处添加标题】文本占位符中输入文字,设置文字字体为【华文琥珀】,字号为44;在【单击此处添加文本】文本占位符中输入文字,设置字号为 20,并将该占位符移动到幻灯片的适当位置,如图 6-73 所示。

图 6-72　添加幻灯片

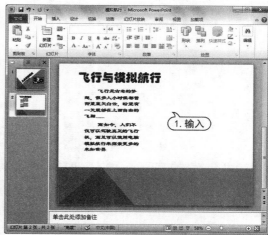

图 6-73　输入文本 2

STEP 08 打开【插入】选项卡,在【媒体】选项组中单击【视频】下拉按钮,在弹出的菜单中选择【文件中的视频】命令,打开【插入视频文件】对话框。选择需要插入的文件,单击【确定】按钮,如图 6-74 所示。

STEP 09 插入视频到幻灯片中,调整其大小和位置,如图 6-75 所示。

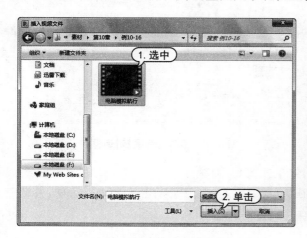

图 6-74　【插入视频文件】对话框

图 6-75　调整视频

STEP 10 打开【视频工具】的【格式】选项卡,在【视频样式】选项组中单击【其他】按钮,从弹出的【中等】列表框中选择【中等复杂框架,黑色】选项,如图 6-76 所示。

STEP 11 在【视频样式】选项组中单击【视频效果】按钮,在弹出的菜单中选择【发光】|【青绿,18pt 发光,强调文字颜色 3】命令,如图 6-77 所示。

轻松学 电脑教程系列

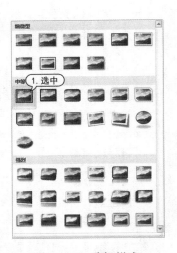

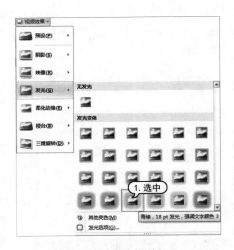

图 6-76 选择样式   图 6-77 选择效果

STEP 12 此时视频在幻灯片中的效果如图 6-78 所示。

STEP 13 打开【插入】选项卡,在【媒体】选项组中单击【音频】下拉按钮,在弹出的菜单中选择【文件中的音频】命令,打开【插入音频】对话框,选择音频文件,单击【确定】按钮,如图 6-79 所示。

图 6-78 显示效果   图 6-79 【插入音频】对话框

STEP 14 插入音频到幻灯片中,调整其位置,效果如图 6-80 所示。

STEP 15 打开【音频工具】的【播放】选项卡,在【开始】下拉列表中选择【自动(A)】选项,并选中【循环播放,直至停止】复选框,如图 6-81 所示。

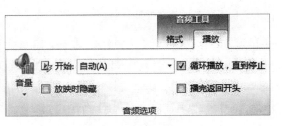

图 6-80 调整位置   图 6-81 设置播放

6.5.2　制作电子相册

【例 6-12】　使用 PowerPoint 的相册功能,制作电子相册。◎视频+素材

STEP 01　启动 PowerPoint 2010 应用程序,新建一个空白演示文稿。

STEP 02　打开【插入】选项卡,在【插图】组中单击【相册】按钮,从弹出的菜单中选择【新建相册】命令,打开【相册】对话框,单击【文件/磁盘】按钮,如图 6-82 所示。

STEP 03　打开【插入新图片】对话框,选中需要的图片,单击【插入】按钮,如图 6-83 所示。

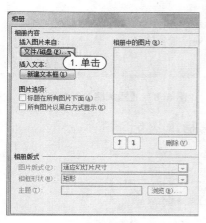

图 6-82　选择样式

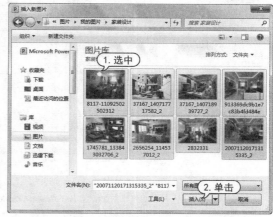

图 6-83　【插入新图片】对话框

STEP 04　返回【相册】对话框,在【相册版式】选项区域的【图片版式】下拉列表中选择【2 张图片】选项,在【相框形状】下拉列表中选择【简单框架,白色】选项,在【主题】右侧单击【浏览】按钮,如图 6-84 所示。

STEP 05　打开【选择主题】对话框,选择需要的主题,单击【确定】按钮,如图 6-85 所示。

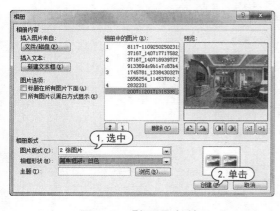

图 6-84　【相册】对话框

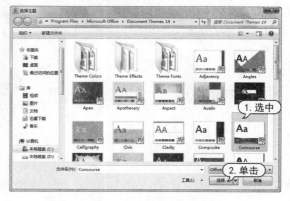

图 6-85　【选择主题】对话框

STEP 06　返回【相册】对话框,单击【创建】按钮,创建包含 5 张幻灯片的电子相册,此时将在演示文稿中显示相册封面和插入的图片,如图 6-86 所示。

STEP 07　修改第 1 张幻灯片的标题和副标题文本,打开【插入】选项卡,在【图像】组中单击【图

片】按钮,打开【插入图片】对话框,选择要插入的图片,单击【插入】按钮,将其插入到第 1 张幻灯片中,如图 6-87 所示。

图 6-86　显示效果 1　　　　　　　　　　　　　　　　图 6-87　【插入图片】对话框

STEP 08 拖动鼠标调节图片的大小和位置,保存演示文稿,如图 6-88 所示。

图 6-88　显示效果 2

第 7 章

PowerPoint 版式设计

　　使用 **PowerPoint 2010** 创建演示文稿后,还可以设计幻灯片外观、动画效果、放映方式等,以使幻灯片播放效果更加顺畅和丰富。本章将介绍设置幻灯片母版、动画效果,放映演示文稿等高级操作内容。

7.1 设置幻灯片母版

幻灯片母版决定着幻灯片的外观,用于设置幻灯片的标题、正文文字等样式,包括字体、字号、字体颜色、阴影等效果,以及背景对象、页眉页脚等内容。简而言之,幻灯片母版可以为一份演示文稿中所有幻灯片设置默认的版式。

7.1.1 设置母版版式

为了使演示文稿中的每一张幻灯片都具有统一的版式和格式,PowerPoint 2010 通过母版来控制幻灯片中不同部分的表现形式。PowerPoint 2010 提供了 3 种母版:幻灯片母版、讲义母版和备注母版。

在 PowerPoint 2010 中创建的演示文稿都带有默认的版式,这些版式一方面决定了占位符、文本框、图片和图表等内容在幻灯片中的位置,另一方面决定了幻灯片中文本的样式。用户可以按照自己的需求修改母版版式。

【例 7-1】 创建"自定义模板"演示文稿,设置版式和文本格式,并调整母版中的背景图片样式。 视频+素材

STEP 01 启动 PowerPoint 2010 程序,新建名为"自定义模板"的演示文稿。

STEP 02 选中第一张幻灯片,按 4 次 Enter 键,插入 4 张新幻灯片,如图 7-1 所示。

STEP 03 打开【视图】选项卡,在【母版视图】组中单击【幻灯片母版】按钮,切换到幻灯片母版视图,如图 7-2 所示。

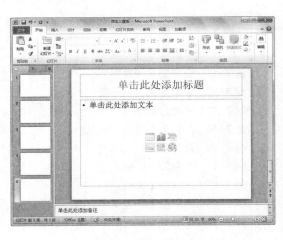

图 7-1 插入幻灯片

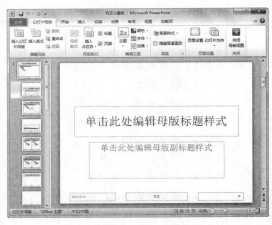

图 7-2 幻灯片母版视图

STEP 04 选中【单击此处编辑母版标题样式】占位符,右击其边框,在打开的浮动工具栏中设置字体为【华文隶书】,字号为 60,字体颜色为【橙色,强调文字颜色 6,深色 25%】,字形为【加粗】。

STEP 05 选中【单击此处编辑母版副标题样式】占位符,右击其边框,在打开的浮动工具栏中设置字体为【华文行楷】,字号为 40,字体颜色为【蓝色】,字形为【加粗】,并调节其大小,如图 7-3 所示。

STEP 06 在左侧预览窗格中选择第 3 张幻灯片,将该幻灯片母版显示在编辑区域。

STEP 07 打开【插入】选项卡,在【图像】组中单击【图片】按钮,打开【插入图片】对话框,选择要

插入的图片,单击【插入】按钮,如图 7-4 所示。

图 7-3 设置字体

图 7-4 插入图片

STEP 08 此时,在幻灯片中插入图片,打开【图片工具】的【格式】选项卡,调整图片的大小和位置,然后在【排列】组中单击【下移一层】下拉按钮,选择【置于底层】命令,如图 7-5 所示。

STEP 09 打开【幻灯片母版】选项卡,在【关闭】组中单击【关闭母版视图】按钮,返回到普通视图模式,如图 7-6 所示。

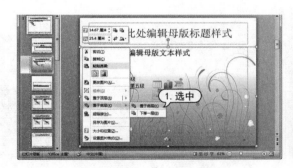

图 7-5 选择【置于底层】命令

图 7-6 返回普通视图模式

STEP 10 此时,除第 1 张幻灯片外,其他幻灯片中都自动添加了图片。

7.1.2 设置页眉和页脚

在制作幻灯片时,使用 PowerPoint 提供的页眉页脚功能可以为每张幻灯片添加相对固定的信息。

要插入页眉和页脚,只需在【插入】选项卡的【文本】选项组中单击【页眉和页脚】按钮,打开【页眉和页脚】对话框,在其中进行相关操作即可。

【例 7-2】 在"自定义模板"演示文稿中插入页脚,设置格式。 视频+素材

STEP 01 启动 PowerPoint 2010 程序,打开"自定义模板"演示文稿。

STEP 02 打开【插入】选项卡,在【文本】组中单击【页眉和页脚】按钮,打开【页眉和页脚】对话框。选中【日期和时间】、【幻灯片编号】、【页脚】、【标题幻灯片中不显示】复选框,并在【页脚】文本框中输入文本,单击【全部应用】按钮,为除第 1 张幻灯片以外的幻灯片添加页脚,如图 7-7 所示。

STEP 03 打开【视图】选项卡,在【母版视图】组中单击【幻灯片母版】按钮,切换到幻灯片母版视图,在左侧预览窗格中选择第 1 张幻灯片,将其显示在编辑区域,如图 7-8 所示。

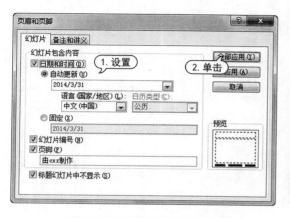

图 7-7 【页眉和页脚】对话框

图 7-8 幻灯片母版编辑区域

STEP 04 选中所有的页脚文本框,设置字体为【幼圆】,字形为【加粗】,字体颜色为【深蓝色,文字 2,深色 25%】,如图 7-9 所示。

STEP 05 打开【幻灯片母版】选项卡,在【关闭】组中单击【关闭母版视图】按钮,返回到普通视图模式,如图 7-10 所示。

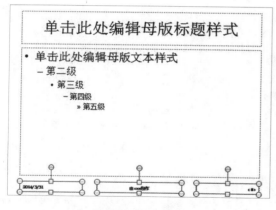

图 7-9 设置字体

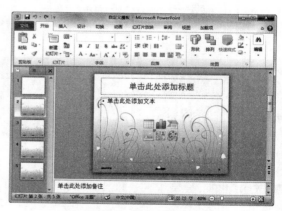

图 7-10 返回普通视图模式

7.2 设置幻灯片主题和背景

PowerPoint 2010 提供了多种主题颜色和背景样式,使用这些主题颜色和背景样式,可以使幻灯片具有丰富的色彩和良好的视觉效果。

7.2.1 设置幻灯片主题

幻灯片主题是应用于整个演示文稿的各种样式的集合,包括颜色、字体和效果三大类。PowerPoint 2010 预置了多种主题供用户选择。

在 PowerPoint 2010 中，打开【设计】选项卡，在【主题】组中单击【其他】按钮，从弹出的列表中选择一种内置的主题即可。此外，用户还可以细化设置主题的颜色、字体以及效果等。

1. 设置主题颜色

PowerPoint 2010 提供了多种内置的主题颜色供用户选择。可在【设计】选项卡的【主题】组中单击【颜色】按钮，在弹出的菜单中选择主题颜色。

也可选择【新建主题颜色】命令，打开【新建主题颜色】对话框，设置各种类型的颜色。设置完成后，在【名称】文本框中输入名称，单击【保存】按钮，将其添加到【主题颜色】菜单中。

【例 7-3】 在"自定义模板"演示文稿中设置主题颜色。 视频+素材

STEP 01 启动 PowerPoint 2010 程序，打开"自定义模板"演示文稿。

STEP 02 打开【设计】选项卡，在【主题】组中单击【颜色】按钮，从弹出的主题颜色菜单中选择【沉稳】内置样式，系统自动为幻灯片应用该主题颜色，如图 7-11 所示。

STEP 03 在【主题】组中单击【颜色】按钮，从弹出的菜单中选择【新建主题颜色】命令，打开【新建主题颜色】对话框。在【文字/背景－深色 1】选项右侧单击颜色下拉按钮，

图 7-11　选择主题颜色

从弹出的面板中选择【其他颜色】选项，打开【颜色】对话框的【自定义】选项卡，在【红色】、【绿色】和【蓝色】微调框中分别输入 25、150 和 48，单击【确定】按钮，如图 7-12 所示。

STEP 04 返回到【新建主题颜色】对话框，在【名称】文本框中输入"自定义主题"，单击【保存】按钮，完成自定义设置，如图 7-13 所示。

图 7-12　【自定义】选项卡

图 7-13　【新建主题颜色】对话框

STEP 05 在【主题】选项组中单击【颜色】按钮,从弹出的主题颜色菜单中可以查看到自定义主题,选择该主题样式,将其应用到幻灯片中。

2．设置主题字体

字体是主题中的一种重要元素。可在【设计】选项卡的【主题】组单击【主题字体】按钮图字体▼,从弹出的菜单中选择内置的主题字体,如图 7-14 所示。

也可选择【新建主题字体】命令,打开【新建主题字体】对话框,设置标题字体、正文字体等,如图 7-15 所示。

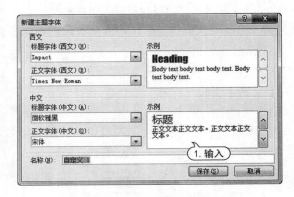

图 7-14 选择主题字体　　　　图 7-15 【新建主题字体】对话框

3．设置主题效果

主题效果是 PowerPoint 内置的一些图形元素以及特效。可在【设计】选项卡的【主题】组单击【主题效果】按钮◎效果▼,从弹出的菜单中选择内置的主题效果样式,如图 7-16 所示。

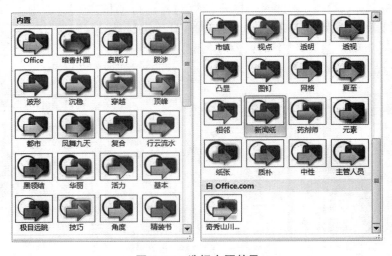

图 7-16 选择主题效果

7.2.2 设置幻灯片背景

用户除了可在应用模板或改变主题颜色时更改幻灯片的背景外,还可以根据需要任意更改幻灯片的背景颜色和背景设计,如添加底纹、图案、纹理或图片等。

可打开【设计】选项卡,在【背景】组中单击【背景样式】按钮,在弹出的菜单中选择需要的背景样式,即可快速应用 PowerPoint 自带的背景样式;也可选择【设置背景格式】命令,打开【设置背景格式】对话框,设置背景的填充样式、渐变以及纹理、图案填充背景等,如图 7-17 所示。

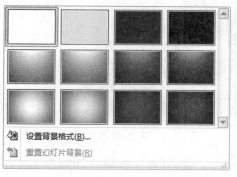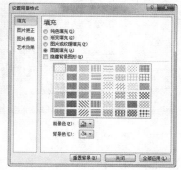

图 7-17　设置背景

【例 7-4】 在"自定义模板"演示文稿中设置幻灯片背景。 视频+素材

STEP 01 启动 PowerPoint 2010 程序,打开"自定义模板"演示文稿。

STEP 02 打开【设计】选项卡,在【背景】组中单击【背景样式】按钮,从弹出的背景样式列表框中选择【设置背景格式】命令,如图 7-18 所示。

STEP 03 打开【设置背景格式】对话框,打开【填充】选项卡,选中【图案填充】单选按钮,在【前景色】颜色面板中选择【浅绿】色块,然后在【图案】列表框中选择一种图案样式,单击【全部应用】按钮,如图 7-19 所示。

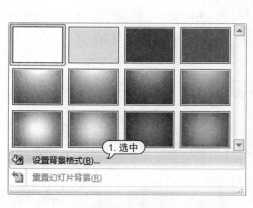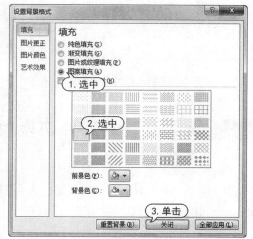

图 7-18　选择【设置背景格式】命令　　　　图 7-19　【填充】选项卡

STEP 04 将该图案背景样式应用到演示文稿中的每张幻灯片中,如图 7-20 所示。

STEP 05 切换至【设置背景格式】对话框,选中【图片或纹理填充】单选按钮,单击【文件】按钮,如图 7-21 所示。

图 7-20 显示背景

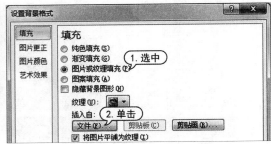

图 7-21 单击【文件】按钮

STEP 06 打开【插入图片】对话框,选择一种图片,单击【插入】按钮,将图片插入到选中的幻灯片,如图 7-22 所示。

STEP 07 返回至【设置背景格式】对话框,单击【关闭】按钮。此时幻灯片背景图片如图 7-23 所示。

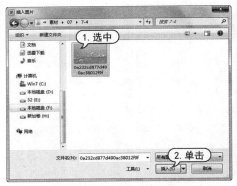

图 7-22 【插入图片】对话框

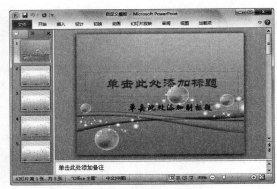

图 7-23 显示背景图片

7.3 设置幻灯片切换效果

幻灯片切换效果是指一张幻灯片如何从屏幕上消失,以及另一张幻灯片如何显示在屏幕上的方式。在 PowerPoint 2010 中,可以为一组幻灯片设置同一种切换方式,也可以为每张幻灯片设置不同的切换方式。

7.3.1 添加切换动画

要为幻灯片添加切换动画,可以打开【切换】选项卡,在【切换到此幻灯片】组中单击 按钮,打开幻灯片动画效果列表。当鼠标指针指向某个选项时,幻灯片将应用该效果,供用户预览。

【例 7-5】 在"光盘策划提案"演示文稿中,为幻灯片添加切换动画。

STEP 01 启动 PowerPoint 2010 程序,打开"光盘策划提案"演示文稿,系统自动显示第 1 张幻灯片。

STEP 02 打开【切换】选项卡,在【切换到此幻灯片】组中单击【其他】按钮,从弹出的【华丽型】切换效果列表框中选择【库】选项,如图 7-24 所示。

STEP 03 此时即可将【库】型切换动画应用到第 1 张幻灯片中,预览该切换动画效果,如图7-25 所示。

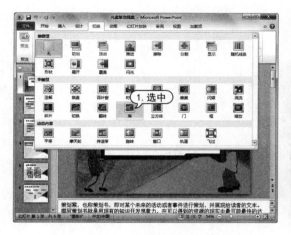

图 7-24　选择【库】选项 1

图 7-25　预览动画效果 1

STEP 04 在【切换到此幻灯片】组中单击【效果选项】按钮,从弹出的菜单中选择【自左侧】选项,如图 7-26 所示。

STEP 05 预览第 1 张幻灯片的切换动画效果,如图 7-27 所示。

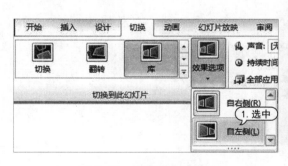

图 7-26　选择【库】选项 2

图 7-27　预览动画效果 2

7.3.2　设置切换动画选项

　　添加切换动画后,还可以对切换动画进行设置,如设置切换动画时出现的声音效果、持续时间和换片方式等,从而使幻灯片的切换效果更为逼真。

【例 7-6】 在"光盘策划提案"演示文稿中,设置切换声音、切换速度和换片方式。 视频+素材

STEP 01 启动 PowerPoint 2010 程序,打开"光盘策划提案"演示文稿。

STEP 02 打开【切换】选项卡,在【计时】选项组中单击【声音】下拉按钮,从弹出的下拉菜单中选

择【风铃】选项,为幻灯片应用该声音效果,如图 7-28 所示。

STEP 03 在【计时】组中取消选中【单击鼠标时】复选框,选中【设置自动换片时间】复选框,在其后的微调框中输入"00:05.00"。单击【全部应用】按钮,将设置好的计时选项应用到每张幻灯片中,如图 7-29 所示。

图 7-28　选择【风铃】选项　　　　　图 7-29　【计时】组

STEP 04 单击状态栏中的【幻灯片浏览】按钮,切换至幻灯片浏览视图,查看设置后的自动切片时间,如图 7-30 所示。

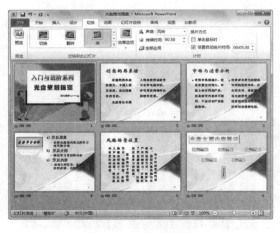

图 7-30　设置效果

> ◎ **知识点滴**
> 　　打开【切换】选项卡,在【计时】组的【换片方式】区域中,选中【单击鼠标时】复选框,表示在播放幻灯片时,需要在幻灯片中单击鼠标左键来换片,而取消选中该复选框,选中【设置自动换片时间】复选框,表示在播放幻灯片时,经过所设置的时间后会自动切换至下一张幻灯片,无须单击鼠标左键。

7.4　添加幻灯片动画效果

在 PowerPoint 2010 中,除了幻灯片切换动画外,还有幻灯片动画效果,这是为幻灯片内部各个对象设置的。用户可以对幻灯片中的文本、图形、表格等对象添加不同的动画效果,如进入动画、强调动画、退出动画和动作路径动画等。

7.4.1　添加进入动画效果

进入动画是设置文本或其他对象进入放映屏幕的动画方式。在添加该动画效果之前需要选中对象。对于占位符或文本框来说,选中占位符、文本框,以及进入文本编辑状态时,都可以为它们添加该动画效果。

　　选中对象后,打开【动画】选项卡,单击【动画】组中的【其他】按钮▾,在弹出的【进入】列表框选择一种进入效果,即可为对象添加该动画效果。选择【更多进入效果】命令,将打开【更改进入效果】对话框,在其中可以选择更多进入动画效果。也可在【高级动画】组中单击【添加动画】按钮,在弹出的【进入】列表框中选择内置的进入动画效果,如图7-31所示。

图 7-31　设置进入动画效果

【例 7-7】 为"旅游景点剪辑"演示文稿中的对象设置进入动画。 🔴视频+素材

STEP 01 启动 PowerPoint 2010 程序,打开"旅游景点剪辑"演示文稿。

STEP 02 在打开的第 1 张幻灯片中选中标题占位符,打开【动画】选项卡,单击【动画】组中的【其他】按钮,从弹出的【进入】列表框选择【弹跳】选项,如图 7-32 所示。

STEP 03 为正标题文字应用【弹跳】进入效果,预览进入效果,如图 7-33 所示。

图 7-32　选择【弹跳】选项　　　　　　图 7-33　预览进入效果

STEP 04 选中副标题占位符,在【高级动画】组中单击【添加动画】按钮,从弹出的菜单中选择【更多进入效果】命令,如图 7-34 所示。

STEP 05 打开【添加进入效果】对话框,在【温和型】选项区域中选择【下浮】选项,单击【确定】按钮,为副标题文字应用【下浮】进入效果,如图 7-35 所示。

图 7-34 选择【更多进入效果】命令

图 7-35 选择【下浮】选项

STEP 06 选中剪贴画图片,单击【动画】组中的【其他】按钮，从弹出的菜单中选择一种【更多进入效果】选项,打开【更改进入效果】对话框,在【基本形状】选项区域中选择【轮子】选项,单击【确定】按钮,如图 7-36 所示。

STEP 07 在【动画】组组中单击【效果选项】下拉按钮,从弹出的下拉列表中选择【3 轮辐图案】选项,为轮子设置进入效果属性,如图 7-37 所示。

图 7-36 选择【轮子】选项

图 7-37 选择效果选项

STEP 08 完成第 1 张幻灯片中对象的进入动画的设置,在幻灯片编辑窗口中以编号显示标记对象,如图 7-38 所示。

STEP 09 在【动画】选项卡的【预览】组中单击【预览】按钮,即可查看第 1 张幻灯片中应用的所有进入效果,如图 7-39 所示。

图 7-38　显示编号

图 7-39　查看效果

7.4.2　添加强调动画效果

强调动画是为了突出幻灯片中的某部分内容而设置的特殊动画效果。添加强调动画的过程和添加进入效果的大体相同。选择对象后,在【动画】组中单击【其他】按钮,在弹出的【强调】列表框选择一种强调效果即可。选择【更多强调效果】命令,将打开【更改强调效果】对话框,在该对话框中可以选择更多强调动画效果,如图 7-40 所示。

在【高级动画】组中单击【添加动画】按钮同样可以弹出【强调】列表框,也可选择【更多强调效果】命令打开【添加强调效果】对话框,如图 7-41 所示。

图 7-40　【更改强调效果】对话框

图 7-41　【添加强调效果】对话框

【例 7-8】 为"旅游景点剪辑"演示文稿中的对象设置强调动画。 ▶视频+素材

STEP 01 启动 PowerPoint 2010 程序,打开"旅游景点剪辑"演示文稿。在幻灯片预览窗口中选择第 2 张幻灯片缩略图,将其显示在幻灯片编辑窗口中。

STEP 02 选中文本占位符,打开【动画】组中单击【其他】按钮,在弹出的【强调】列表框中选择【画笔颜色】选项,为文本添加该强调效果,如图 7-42 所示。

轻松学 电脑教程系列

STEP 03 系统为文本占位符中的每段项目文本自动编号,如图 7-43 所示。

图 7-42 选择【画笔颜色】选项

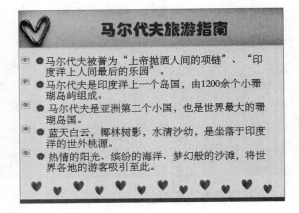

图 7-43 自动编号

STEP 04 选中标题占位符,在【高级动画】组中单击【添加动画】按钮,在弹出的菜单中选择【更多强调效果】命令,如图 7-44 所示。

STEP 05 打开【添加强调效果】对话框,在【细微型】选项区域中选择【补色】选项,单击【确定】按钮,完成添加强调效果设置,如图 7-45 所示。

图 7-44 选择【更多强调效果】命令

图 7-45 选择【补色】选项

STEP 06 使用同样的方法,为第 3～第 6 张幻灯片的标题占位符应用【补色】强调效果。

7.4.3 添加退出动画效果

退出动画是设置幻灯片中的对象退出屏幕的效果。添加退出动画的过程和添加进入、强调动画的大体相同。

选中需要添加退出效果的对象,在【高级动画】组中单击【添加动画】按钮,在弹出的【退出】列表框中选择一种强调动画效果。选择【更多退出效果】命令,打开【添加退出效果】对话框,在该对话框中可以选择更多的退出动画效果,如图 7-46 所示。

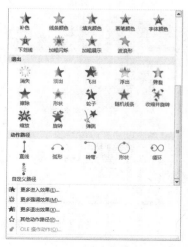

图 7-46　设置退出动画效果

【例 7-9】　为"旅游景点剪辑"演示文稿中的对象设置退出动画。视频+素材

STEP 01　启动 PowerPoint 2010 程序，打开"旅游景点剪辑"演示文稿。在幻灯片预览窗口中选择第 2 张幻灯片缩略图，将其显示在幻灯片编辑窗口中。

STEP 02　选中心形图形，在【动画】选项卡的【动画】组中单击【其他】按钮，在弹出的菜单中选择【更多退出出效果】命令，如图 7-47 所示。

STEP 03　打开【更改退出效果】对话框，在【华丽型】选项区域中选择【飞旋】选项，单击【确定】按钮，如图 7-48 所示。

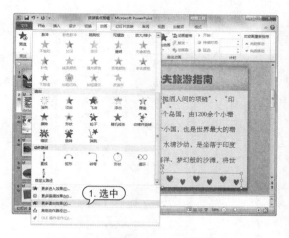

图 7-47　选择【更多退出出效果】命令

图 7-48　选择【飞旋】选项

STEP 04　返回幻灯片编辑窗口中，此时在心形图形前出现数字编号，如图 7-49 所示。

STEP 05　在【动画】选项卡的【预览】组中单击【预览】按钮，查看第 2 张幻灯片中应用的所有动画效果，如图 7-50 所示。

轻松学电脑教程系列

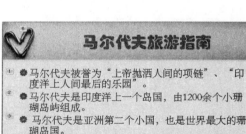

图 7-49 显示编号   图 7-50 查看效果

 ### 7.4.4 添加动作路径动画效果

动作路径动画又称为路径动画,是指定文本等对象沿预定的路径运动。PowerPoint 中不仅提供了大量预设路径效果,还可以由用户自定义路径动画。

添加动作路径效果的步骤与添加进入动画的步骤基本相同。在【动画】组中单击【其他】按钮,在弹出的【动作路径】列表框选择一种动作路径效果,即可为对象添加该动画效果。选择【其他动作路径】命令,打开【更改动作路径】对话框,可以选择其他的动作路径效果,如图 7-51 所示。

在【高级动画】组中单击【添加动画】按钮同样会弹出【动作路径】列表框,也可选择【其他动作路径】命令,打开【添加动作路径】对话框,如图 7-52 所示。

图 7-51 【更改动作路径】对话框   图 7-52 【添加动作路径】对话框

【例 7-10】 为"旅游景点剪辑"演示文稿中的对象设置动作路径。 视频+素材

STEP 01 启动 PowerPoint 2010 程序,打开"旅游景点剪辑"演示文稿。在幻灯片预览窗口中选择第 4 张幻灯片缩略图,将其显示在幻灯片编辑窗口中。

STEP 02 选中右侧的心形对象,打开【动画】选项卡,在【动画】组中单击【其他】按钮□,在弹出的【动作路径】列表框选择【自定义路径】选项,将鼠标指针移动到心形图形附近,待鼠标指针变成十字形状时,拖动鼠标绘制曲线,如图7-53所示。

STEP 03 双击,完成曲线的绘制,即可查看心形图形的动作路径,如图7-54所示。

图7-53　绘制动作路径

图7-54　查看动作路径动画

STEP 04 幻灯片中动作路径起始端显示一个绿色的▶标志,结束端显示一个红色的◀标志,两个标志之间以一条虚线连接,如图7-55所示。

STEP 05 选中左侧的图片,在【高级动画】组中单击【添加动画】按钮,在弹出的菜单中选择【其他动作路径】命令,打开【添加动作路径】对话框,选择【向左弧形】选项,单击【确定】按钮,为图片应用该动作路径,如图7-56所示。

图7-55　显示标志

图7-56　选择【向左弧形】选项

STEP 06 选择右侧图片,在【高级动画】组中单击【添加动画】按钮,在弹出的【动作路径】列表框中选择【形状】选项,为图片应用该动作路径动画效果,如图7-57所示。

STEP 07 幻灯片编辑窗口中显示添加的动作路径,如图7-58所示。

STEP 08 使用同样的方法为第5、第6张幻灯片中的对象设置动作路径动画效果分别为【弧形】、【直线】、【向左弹跳】和【飘扬形】,如图7-59所示。

图 7-57 选择【形状】选项

图 7-58 显示动作路径

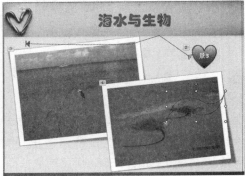

图 7-59 设置动作路径动画效果

7.5 设置高级动画效果

PowerPoint 2010 新增了动画效果高级设置功能,如设置动画触发器、使用动画刷复制动画、设置动画计时等选项,可以使整个演示文稿更为美观,让幻灯片中各个动画的衔接更为合理。

7.5.1 设置动画触发器

在幻灯片放映时,使用触发器功能,可以在单击幻灯片中的对象时显示动画效果。

【例 7-11】 在"旅游景点剪辑"演示文稿中设置动画触发器。 ●视频+素材

STEP 01 启动 PowerPoint 2010 应用程序,打开"旅游景点剪辑"演示文稿,系统自动显示第 1 张幻灯片。

STEP 02 打开【动画】选项卡,在【高级动画】选项组中单击【动画窗格】按钮。打开【动画窗格】任务窗格,选择第 3 个动画效果,如图 7-60 所示。

STEP 03 在【高级动画】选项组中单击【触发】按钮,从弹出的菜单中选择【单击】选项,然后从弹出的子菜单中选择【标题 1】对象,如图 7-61 所示。

STEP 04 此时【Picture3】对象上生成动画的触发器,并在任务窗格中显示设置的触发器。当播放幻灯片时,将鼠标指针指向该触发器并单击,将显示既定的动画效果,如图 7-62 所示。

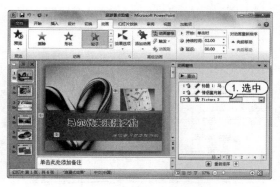

图 7-60　选择第 3 个动画效果

图 7-61　选择【标题 1】对象

图 7-62　使用触发器

7.5.2　设置动画计时选项

为对象添加了动画效果后,还需要设置动画计时选项,如开始时间、持续时间、延迟时间等。默认设置的动画效果在幻灯片放映屏幕中持续播放的时间只有几秒钟,同时需要单击鼠标才会开始播放下一个动画。用户可以根据实际需求,通过【动画设置】对话框的【计时】选项卡进行动画计时选项的设置。

【例 7-12】　在"旅游景点剪辑"演示文稿中设置动画计时选项。 （视频+素材）

STEP 01　启动 PowerPoint 2010 应用程序,打开"旅游景点剪辑"演示文稿,系统自动显示第 1 张幻灯片。

STEP 02　打开【动画】选项卡,在【高级动画】选项组中单击【动画窗格】按钮，打开【动画窗格】任务窗格,选中第 2 个动画并右击,从弹出的快捷菜单中选择【从上一项之后开始】选项,如图 7-63 所示。

STEP 03　此时,第 2 个动画将在第 1 个动画播放完后自动开始播放,无须单击鼠标。

STEP 04　在幻灯片预览窗口中选择第 2 张幻灯片缩略图,将其显示在幻灯片编辑窗口中。

STEP 05　在【动画窗格】任务窗格中选中第 2～第 5 个动画效果,在【计时】组中单击【开始】下拉按钮,从弹出的快捷菜单中选择【与上一动画同时】选项,如图 7-64 所示。

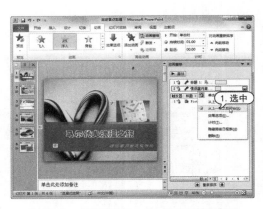

图 7-63　选择【从上一项之后开始】选项　　　图 7-64　选择【与上一动画同时】选项

STEP 06 此时,原编号 1~5 的这 5 个动画将合为一个动画,如图 7-65 所示。

STEP 07 在【动画窗格】任务窗格中选中第 3 个动画效果,在【计时】选项组中单击【开始】下拉按钮,从弹出的快捷菜单中选择【上一动画之后】选项,并在【持续时间】和【延迟时间】文本框中输入"01.00",如图 7-66 所示。

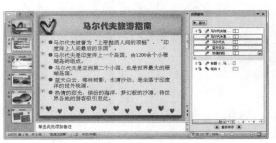

图 7-65　合并动画　　　　　　　　　　图 7-66　输入时间

STEP 08 在【动画窗格】任务窗格中选中第 2 个动画效果,右击,从弹出的菜单中选择【计时】命令,如图 7-67 所示。

STEP 09 打开【补色】对话框的【计时】选项卡,在【期间】下拉列表中选择【中速(2 秒)】选项,在【重复】下拉列表中选择【直到幻灯片末尾】选项,单击【确定】按钮,如图 7-68 所示。

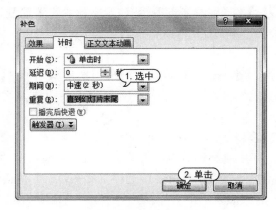

图 7-67　选择【计时】命令　　　　　　图 7-68　【计时】选项卡

轻松学电脑教程系列

STEP 10 设置在放映幻灯片时不断放映标题占位符中的动画效果,如图 7-69 所示。

STEP 11 使用同样的方法,将第 4～第 6 张幻灯片中的第 3 和第 4 个动画合为一个动画;将第 3～第 6 张幻灯片的标题占位符动画设置为不断放映的动画效果,如图 7-70 所示。

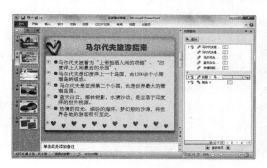

图 7-69　设置动画效果 1

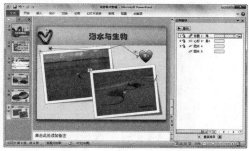

图 7-70　设置动画效果 2

7.6　制作交互式幻灯片

在 PowerPoint 2010 中,可以为幻灯片中的文本、图像等对象添加超链接或者动作。当放映幻灯片时,可以在添加了超链接的文本或动作的按钮上单击,程序将自动跳转到指定的页面,或者执行指定的程序。这样演示文稿不再是从头到尾播放的线性模式,而是具有了一定的交互性。

7.6.1　添加超链接

超链接是指向特定位置或文件的一种连接方式,可以利用它指定程序跳转的位置。超链接只有在幻灯片放映时才有效。在 PowerPoint 2010 中,超链接可以跳转到当前演示文稿中的特定幻灯片、其他演示文稿中特定的幻灯片、自定义放映、电子邮件地址、文件或 Web 页上。

【例 7-13】 在"旅游景点剪辑"演示文稿中,为副标题文本添加超链接。 📹视频+素材

STEP 01 启动 PowerPoint 2010 应用程序,打开"旅游景点剪辑"演示文稿。

STEP 02 在打开的第 1 张幻灯片中选中【单击此处添加副标题】文本占位符中的文本"首选旅游地",打开【插入】选项卡,在【链接】选项组中单击【超链接】按钮,如图 7-71 所示。

STEP 03 打开【插入超链接】对话框,在【本文档中的位置】列表框中选择【3. 马尔代夫全景】选项,单击【屏幕提示】按钮,如图 7-72 所示。

图 7-71　单击【超链接】按钮

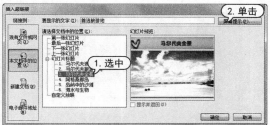

图 7-72　单击【屏幕提示】按钮

STEP 04 打开【设置超链接屏幕提示】对话框，在【屏幕提示文字】文本框中输入文本，单击【确定】按钮，如图 7-73 所示。

STEP 05 返回【插入超链接】对话框，单击【确定】按钮，此时选中的副标题文字变为蓝色且下方出现横线，如图 7-74 所示。

图 7-73　输入屏幕提示文字

图 7-74　显示下划线

STEP 06 在键盘上按下 F5 键放映幻灯片，当放映到第 1 张幻灯片时，将鼠标移动到副标题的文字超链接，鼠标指针变为手形，此时将弹出一个提示框，显示屏幕提示信息，如图 7-75 所示。

STEP 07 单击超链接，演示文稿将自动跳转到第 3 张幻灯片，如图 7-76 所示。

图 7-75　显示屏幕提示信息

图 7-76　自动跳转

STEP 08 按 Esc 键退出放映模式，返回幻灯片编辑窗口，此时第 1 张幻灯片中的超链接将改变颜色，表示在放映演示文稿的过程中已经预览过该超链接，如图 7-77 所示。

STEP 09 在快速访问工具栏中单击【保存】按钮，保存添加超链接后的"旅游景点剪辑"演示文稿。

图 7-77　显示效果

实用技巧

　　右击添加了超链接的文字、图片等对象，在弹出的快捷菜单选择【编辑超链接】命令，可打开与【插入超链接】对话框相似的【编辑超链接】对话框，在其中可以按照添加超链接的方法对已有的超链接进行修改。

7.6.2　添加动作按钮

动作按钮是 PowerPoint 中预先设置好的一组带有特定动作的图形按钮,有前一张、后一张、第一张、最后一张、播放声音及播放电影等,应用这些预置好的按钮,可以实现在放映幻灯片时随时跳转。

动作与超链接有很多相似之处,几乎包括了超链接可以指向的所有位置,其还可以设置其他属性,比如设置当鼠标移过某一对象上方时的动作。设置动作与设置超链接是相互影响的,在【设置动作】对话框中所作的设置,将在【编辑超链接】对话框中表现出来。

【例 7-14】 在"旅游景点剪辑"演示文稿中,添加动作按钮。🎬视频+素材

STEP 01 启动 PowerPoint 2010 应用程序,打开"旅游景点剪辑"演示文稿。在幻灯片预览窗口中选择第 3 张幻灯片缩略图,将其显示在幻灯片编辑窗口中。

STEP 02 打开【插入】选项卡,在【插图】组中单击【形状】按钮,在打开的菜单的【动作按钮】选项区域中单击【后退或前一项】按钮,在幻灯片的右上角拖动鼠标绘制形状,如图 7-78 所示。

STEP 03 当释放鼠标时,系统将自动打开【动作设置】对话框,在【单击鼠标时的动作】选项区域中选中【超链接到】单选按钮,在【超链接到】下拉列表框中选择【幻灯片】选项,如图 7-79 所示。

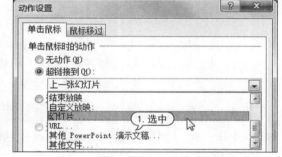

图 7-78　单击按钮　　　　　　　　　图 7-79　选择【幻灯片】选项

STEP 04 打开【超链接到幻灯片】对话框,在对话框中选择幻灯片【2. 马尔代夫旅游指南】选项,单击【确定】按钮,如图 7-80 所示。

STEP 05 返回【动作设置】对话框,打开【鼠标移过】选项卡,在选项卡中选中【播放声音】复选框,并在其下方的下拉列表中选择【单击】选项,单击【确定】按钮,完成该动作的设置,如图 7-81 所示。

图 7-80　【超链接到幻灯片】对话框　　　　图 7-81　选择【单击】选项

STEP 06 在幻灯片中选中绘制的图形,打开【绘图工具】的【格式】选项卡,单击【形状样式】组中的【其他】按钮,在弹出的列表框中选择第5行第3列样式,如图7-82所示。

STEP 07 为动作按钮图形应用该形状样式,如图7-83所示。

图 7-82 选择样式

图 7-83 显示按钮效果

7.7 放映幻灯片

幻灯片制作完成后,就可以放映了。在放映幻灯片之前可对放映方式进行设置,Power-Point 2010 提供了灵活的幻灯片放映控制方法和适合不同场合的幻灯片放映类型,用户可选用不同的放映方式和类型,使演示更为得心应手。

7.7.1 设置放映方式

PowerPoint 2010 提供了多种演示文稿的放映方式,最常用的是幻灯片页面的演示控制,主要有幻灯片的定时放映、连续放映、循环放映。

1. 定时放映

用户在设置幻灯片切换效果时,可以设置每张幻灯片放映时停留的时间,当等待到设定的时间后,幻灯片将自动向下放映。

打开【切换】选项卡,在【计时】选项组中选中【单击鼠标时】复选框,则用户单击鼠标或按下Enter 键或空格键时,放映的演示文稿将切换到下一张幻灯片;选中【设置自动换片时间】复选框,并在其右侧的文本框中输入时间(时间为秒)后,则演示文稿放映时,在幻灯片等待了设定的秒数之后将自动切换到下一张幻灯片,如图7-84所示。

2. 连续放映

在【切换】选项卡的【计时】选项组选中【设置自动切换时间】复选框,并为当前选定的幻灯片设置自动切换时间,再单击【全部应用】按钮,为演示文稿中的每张幻灯片设定相同的切换时间,即可实现幻灯片的连续自动放映。

需要注意的是,由于每张幻灯片的内容不同,放映的时间可能不同,所以设置连续放映的最常见方法是通过【排练计时】功能完成的。

3. 循环放映

用户将制作好的演示文稿设置为循环放映,可以应用于如展览会场的展台等场合。打开

轻松学电脑教程系列

【幻灯片放映】选项卡,在【设置】组中单击【设置幻灯片放映】按钮,打开【设置放映方式】对话框。在【放映选项】选项区域中选中【循环放映,按 Esc 键终止】复选框,则在播放完最后一张幻灯片后,会自动跳转到第 1 张幻灯片,而不是结束放映,直到用户按 Esc 键退出放映状态,如图 7-85 所示。

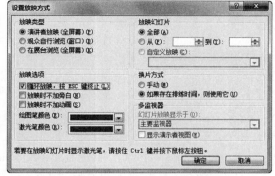

图 7-84　设置定时　　　　　　　图 7-85　【设置放映方式】对话框

7.7.2　设置放映模式

在【设置放映方式】对话框的【放映类型】选项区域中可以设置幻灯片的放映模式。

▽ 【演讲者放映】模式(全屏幕):该模式是系统默认的放映类型,也是最常见的全屏放映方式。在这种放映方式下,演讲者现场控制演示节奏,具有放映的完全控制权。可以根据观众的反应随时调整放映速度或节奏,还可以暂停下来进行讨论或记录观众即席反应,甚至可以在放映过程中录制旁白。一般用于召开会议时的大屏幕放映、联机会议或网络广播等。

▽ 【观众自行浏览】模式(窗口):观众自行浏览是在标准 Windows 窗口中显示的放映形式,放映时的 PowerPoint 窗口具有菜单栏、Web 工具栏,类似于浏览网页的效果,便于观众自行浏览。

▽ 【展台浏览】模式(全屏幕):采用该放映类型最主要的特点是不需要专人控制可以自动运行,但在使用该放映类型时,如超链接等控制方法都失效。当播放完最后一张幻灯片后,会自动从第一张重新开始播放,直至用户按下 Esc 键才会停止播放。该放映类型主要用于展览会的展台或会议中需要自动演示等场合。

7.7.3　常用放映方法

幻灯片的常用放映方法很多,主要有从头开始放映、从当前幻灯片开始放映和以幻灯片缩略图放映等。

1. 从头开始放映

按下 F5 键,或者在【幻灯片放映】选项卡的【开始放映幻灯片】组中单击【从头开始】按钮,即可进入幻灯片放映视图,从第 1 张幻灯片开始依次进行放映。

2. 从当前幻灯片开始放映

在状态栏的幻灯片视图切换按钮区域中单击【幻灯片放映】按钮,或者在【幻灯片放映】选项卡的【开始放映幻灯片】组中单击【从当前幻灯片开始】按钮,即可进入从当前幻灯片开始放映。

3. 以幻灯片缩略图放映

幻灯片缩略图放映是指在屏幕的左上角显示幻灯片的缩略图，方便编辑时预览幻灯片效果。打开【幻灯片放映】选项卡，按住 Ctrl 键，在【开始放映幻灯片】组中单击【从当前幻灯片开始】按钮即可。

4. 自定义放映

自定义放映是指用户自定义演示文稿放映的张数，使一个演示文稿适用于多种观众，即将一个演示文稿中的多张幻灯片进行分组，以便对特定的观众放映演示文稿中的特定部分。用户可以用多个超链接分别指向演示文稿中的各个自定义放映，也可以在放映整个演示文稿时只放映其中的某个自定义放映。

打开【幻灯片放映】选项卡，单击【开始放映幻灯片】选项组的【自定义幻灯片放映】按钮，在弹出的菜单中选择【自定义放映】命令，打开【自定义放映】对话框，单击【新建】按钮，打开【定义自定义放映】对话框，在其中进行相关的自定义设置，如图 7-86 所示。

 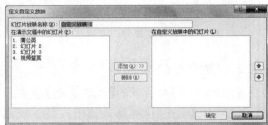

图 7-86　打开【定义自定义放映】对话框

7.7.4　控制放映过程

在放映演示文稿的过程中，用户可以根据需要实现按放映次序依次放映、快速定位幻灯片、为重点内容做上标记、使屏幕出现黑屏或白屏、结束放映等。

1. 切换和定位幻灯片

按下 F5 键，或者在【幻灯片放映】选项卡的【开始放映幻灯片】组中单击【从头开始】按钮，即可进入幻灯片放映视图，从第 1 张幻灯片开始依次进行放映。

在放映幻灯片时，用户可以从当前幻灯片切换至上一张幻灯片或下一张幻灯片，也可以直接从当前幻灯片跳转到不相邻的一张幻灯片。

如果需要按放映次序依次放映（即切换幻灯片），则可以进行如下几种操作。

▽　单击鼠标左键。

▽　在放映屏幕的左下角单击■按钮。

▽　在放映屏幕的左下角单击■按钮，在弹出的菜单中选择【下一张】命令。

▽　单击鼠标右键，在弹出的快捷菜单中选择【下一张】命令，如图 7-87 所示。

如果不要按照指定的顺序进行放映，则可以使用快速定位幻灯片功能。在放映屏幕的左下角单击■按钮，从弹出的菜单中使用【定位至幻灯片】命令进行切换。或单击鼠标右键，在弹出的快捷菜单中选择【定位至幻灯片】命令，从弹出的子菜单中选择要播放的幻灯片，如图 7-88 所示。

图 7-87　选择【下一张】命令　　　　　图 7-88　选择【定位至幻灯片】命令

2. 为重点内容做上标记

　　使用 PowerPoint 2010 提供的绘图笔可以为重点内容做上标记。绘图笔的作用类似于板书笔，常用于强调或添加注释。用户可以选择绘图笔的形状和颜色，也可以随时擦除绘制的笔迹。

　　放映幻灯片时，在屏幕中右击鼠标，在弹出的快捷菜单中选择【指针选项】|【荧光笔】选项，将绘图笔设置为荧光笔样式，然后按住左键拖动鼠标即可绘制标记。

【例 7-15】 放映"光盘策划提案"演示文稿，使用绘图笔标注重点。📹视频+素材

STEP 01 启动 PowerPoint 2010 应用程序，打开"光盘策划提案"演示文稿。

STEP 02 打开【幻灯片放映】选项卡，在【开始放映幻灯片】组中单击【从头开始】按钮，放映演示文稿，如图 7-89 所示。

STEP 03 当放映到第 2 张幻灯片时，单击 ✏ 按钮，或者在屏幕中右击，在弹出的快捷菜单中选择【荧光笔】选项，将绘图笔设置为荧光笔样式。

STEP 04 单击 ✏ 按钮，在弹出的快捷菜单中选择【墨迹颜色】命令，在打开的【标准色】面板中选择【黄色】色块，如图 7-90 所示。

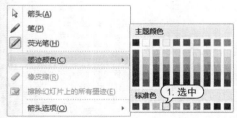

图 7-89　放映演示文稿　　　　　　图 7-90　选择【黄色】色块

STEP 05 此时鼠标指针变为一个小矩形形状■，在需要绘制的地方拖动鼠标绘制标记，如图 7-91 所示。

STEP 06 当放映到第 3 张幻灯片时，右击空白处，从弹出的快捷菜单中选择【指针选项】|【笔】

命令,如图 7-92 所示。

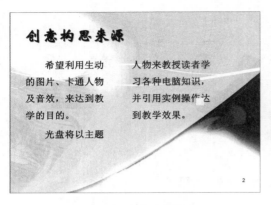

图 7-91　绘制标记

图 7-92　选择【笔】命令

STEP 07 右击,从弹出的快捷菜单中选择【指针选项】|【墨迹颜色】命令,然后从弹出的颜色面板中选择【红色】色块,如图 7-93 所示。

STEP 08 拖动鼠标在放映界面中的文字下方标志重点,如图 7-94 所示。

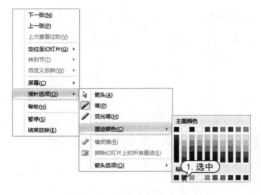

图 7-93　选择【红色】色块

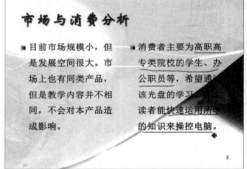

图 7-94　标志重点 1

STEP 09 使用同样的方法,在其他幻灯片中标志重点,如图 7-95 所示。

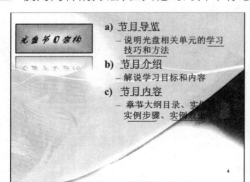

图 7-95　标志重点 2

STEP 10 当幻灯片播放完毕后，单击鼠标左键退出放映状态时，系统将弹出对话框询问用户是否保留在放映时所做的墨迹注释。单击【保留】按钮，将绘制的注释保留在幻灯片中，如图7-96所示。

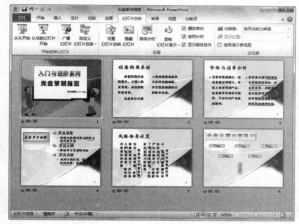

图 7-96 单击【保留】按钮

3. 使用激光笔

在幻灯片放映视图中，可以将鼠标指针变为激光笔样式，以将观看者的注意力吸引到幻灯片上的某个重点内容或特别要强调的内容位置。

将演示文稿切换至幻灯片放映视图状态下，按住 Ctrl 键的同时单击鼠标左键，此时鼠标指针变成激光笔样式，移动鼠标指针，将其指向观众需要注意的内容，如图7-97 所示。

激光笔默认颜色为红色，可以更改其颜色。打开【设置放映方式】对话框，在【激光笔颜色】下拉列表框中选择颜色即可，如图7-98 所示。

图 7-97 激光笔样式

图 7-98 选择颜色

4. 使用黑屏和白屏

在幻灯片放映的过程中，有时为了避免引起观众的注意，可以将幻灯片以黑屏或白屏显示：在右键菜单中选择【屏幕】|【黑屏】命令或【屏幕】|【白屏】命令即可。

也可以直接使用快捷键：按下 B 键，将出现黑屏；按下 W 键，将出现白屏。

7.8 打包和发布演示文稿

7.8.1 打包演示文稿

PowerPoint 2010 提供了打包成 CD 的功能，在有刻录光驱的计算机上可以方便地将演示文稿及其链接的各种媒体文件一次性打包到 CD 上，轻松实现演示文稿的分发或转移，以便在其他计算机上进行演示。

【例 7-16】 将演示文稿打包为 CD。 视频+素材

STEP 01 启动 PowerPoint 2010，打开"旅游景点剪辑"演示文稿。

STEP 02 单击【文件】按钮，在弹出的菜单中选择【保存并发送】命令，在中间窗格的【文件类型】选项区域中选择【将演示文稿打包成 CD】选项，并在右侧的窗格中单击【打包成 CD】按钮，如图 7-99 所示。

STEP 03 打开【打包成 CD】对话框，在【将 CD 命名为】文本框中输入"旅游景点 CD"，单击【添加】按钮，如图 7-100 所示。

STEP 04 打开【添加文件】对话框，选择【励志名言】文件，单击【添加】按钮，如图 7-101 所示。

STEP 05 返回【打包成 CD】对话框，可以看到新添加的幻灯片，单击【选项】按钮，如图 7-102 所示。

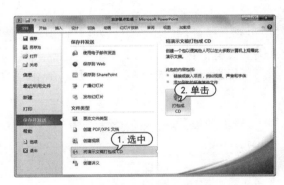

图 7-99 选中【将演示文稿打包成 CD】

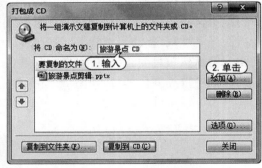

图 7-100 输入名称

图 7-101 【添加文件】对话框

图 7-102 单击【选项】按钮

STEP 06 打开【选项】对话框,选择包含的文件,在密码文本框中输入相关的密码(这里设置打开密码为 123,修改密码为 456。),单击【确定】按钮,如图 7-103 所示。

STEP 07 打开【确认密码】对话框,输入打开密码,单击【确定】按钮,如图 7-104 所示。

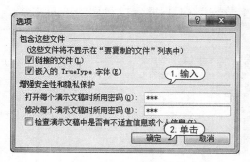

图 7-103 【选项】对话框

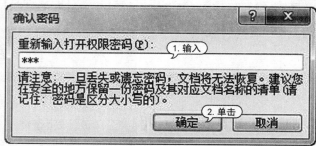

图 7-104 确认打开密码

STEP 08 在打开的【确认密码】对话框中输入修改密码,单击【确定】按钮,如图 7-105 所示。

STEP 09 返回【打包成 CD】对话框,单击【复制到文件夹】按钮,如图 7-106 所示。

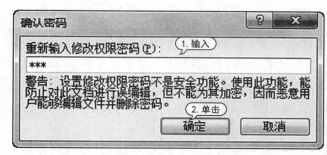

图 7-105 确认修改密码

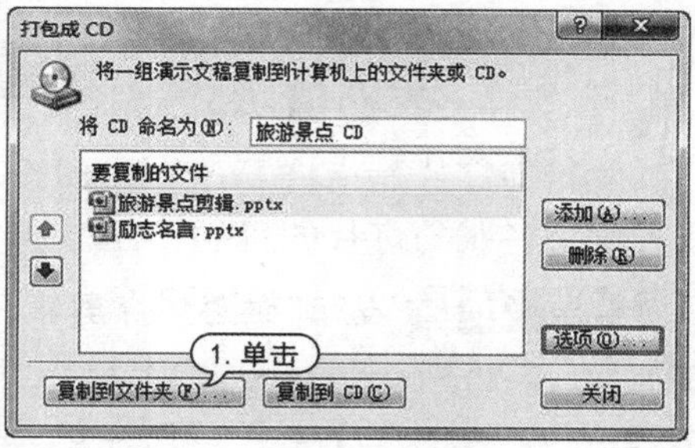

图 7-106 单击【复制到文件夹】按钮

STEP 10 打开【复制到文件夹】对话框,在【位置】文本框右侧单击【浏览】按钮,如图 7-107 所示。

STEP 11 打开【选择位置】对话框,在其中设置文件的保存路径,单击【选择】按钮,如图 7-108 所示。

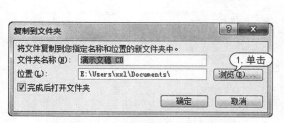

图 7-107 单击【浏览】按钮

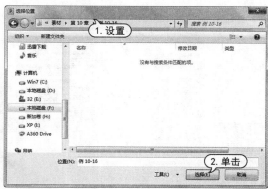

图 7-108 【选择位置】对话框

STEP 12 返回【复制到文件夹】对话框,在【位置】文本框中查看文件的保存路径,单击【确定】按钮,如图 7-109 所示。

STEP 13 系统弹出 Microsoft PowerPoint 提示框,单击【是】按钮。此时系统将开始自动复制文件到文件夹。

STEP 14 打包完毕后,系统将自动打开保存的文件夹【旅游景点 CD】,显示打包后的所有文件,如图 7-110 所示。

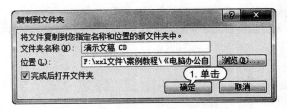

图 7-109　单击【确定】按钮

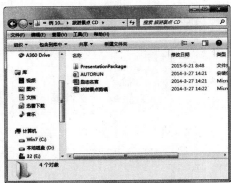

图 7-110　打开文件夹

7.8.2　发布演示文稿

发布幻灯片是指将 PowerPoint 2010 幻灯片存储到幻灯片库中,以达到不同演示文稿共享和调用各张幻灯片的目的。

【例 7-17】 发布"旅游景点剪辑"演示文稿。 视频+素材

STEP 01 启动 PowerPoint 2010,打开"旅游景点剪辑"演示文稿。

STEP 02 单击【文件】按钮,在弹出的菜单中选择【保存并发送】命令,在中间窗格的【保存并发送】选项区域中选择【发布幻灯片】选项,并在右侧的【发布幻灯片】窗格中单击【发布幻灯片】按钮,如图 7-111 所示。

STEP 03 打开【发布幻灯片】对话框,在中间的列表框中选中需要发布到幻灯片库中的幻灯片缩略图前的复选框,然后单击【发布到】下拉列表框右侧的【浏览】按钮,如图 7-112 所示。

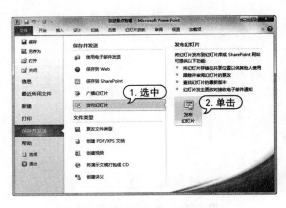

图 7-111　选择【发布幻灯片】选项

图 7-112　单击【浏览】按钮

STEP 04 打开【选择幻灯片库】对话框,选择发布的位置,单击【选择】按钮,如图 7-113 所示。

STEP 05 返回【发布幻灯片】对话框,在【发布到】下拉列表框中显示发布的位置,单击【发布】按钮,此时即可在发布的幻灯片库位置查看发布后的幻灯片,如图 7-114 所示。

图 7-113 【选择幻灯片库】对话框

图 7-114 打开幻灯片库

7.9 案例演练

本章的案例演练为制作旅游行程演示文稿和放映演示文稿,用户通过练习可以巩固本章所学知识。

7.9.1 制作旅游行程演示文稿

【例 7-18】 应用超链接和动作按钮创建交互式"旅游行程"演示文稿。 ◎视频+素材

STEP 01 启动 PowerPoint 2010 应用程序,新建一个空白演示文稿。

STEP 02 单击【文件】按钮,从弹出的菜单中选择【新建】命令,打开【可用模板和主题】视图窗格,在【可用模板】列表框中选择【我的模板】选项,如图 7-115 所示。

STEP 03 打开【新建演示文稿】对话框,在【个人模板】列表框中选择【设计模板】选项,单击【确定】按钮,将该模板应用到当前演示文稿中,如图 7-116 所示。

图 7-115 选择【我的模板】选项

图 7-116 【新建演示文稿】对话框

STEP 04 在【单击此处添加标题】文本占位符中输入标题文字"春游路线详细说明",设置字形为【加粗倾斜】;在【单击此处添加副标题】文本占位符中输入副标题文字"——普陀一日游",设置文字字号为32,字形为【加粗】。使用插入图片功能,在幻灯片中插入一张图片,并调整其大小和位置,如图7-117所示。

STEP 05 在幻灯片预览窗口中选择第2张幻灯片缩略图,将其显示在幻灯片编辑窗口中。

STEP 06 输入标题文字"行程(上午)",设置字形为【加粗】和【阴影】;在【单击此处添加文本】文本占位符中输入文字。插入一张图片,设置图片样式为【棱台形椭圆,黑色】,如图7-118所示。

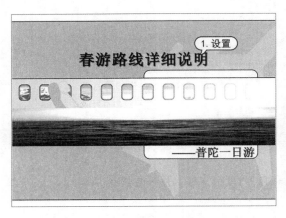

图 7-117　输入文字和插入图片 1　　　　图 7-118　输入文字和插入图片 2

STEP 07 使用同样的方法设置其他4张幻灯片。

STEP 08 在幻灯片预览窗口中选择第2张幻灯片缩略图,将其显示在幻灯片编辑窗口中。

STEP 09 选中文字"紫竹林",打开【插入】选项卡,单击【链接】组中的【超链接】按钮,打开【插入超链接】对话框,在【链接到】列表中单击【本文档中的位置】按钮,在【请选择文档中的位置】列表框中单击【幻灯片标题】,展开列表,选择【紫竹林】选项,单击【屏幕提示】按钮,如图7-119所示。

STEP 10 打开【设置超链接屏幕提示】对话框,在【屏幕提示文字】文本框中输入提示文字"紫竹林介绍",单击【确定】按钮,如图7-120所示。

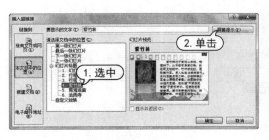

图 7-119　【插入超链接】对话框　　　　图 7-120　【设置超链接屏幕提示】对话框

STEP 11 返回【插入超链接】对话框,单击【确定】按钮,完成该超链接的设置。

STEP 12 使用同样的方法,为第3张幻灯片中的文字"南海观音"和"法雨寺"添加超链接,使它们分别指向第 5 张幻灯片和第 6 张幻灯片,并设置屏幕提示文字为"南海观音介绍"和"法雨寺介绍",如图 7-121 所示。

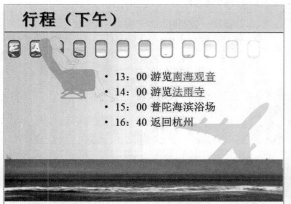

图 7-121　设置超链接

STEP 13　切换至第 4 张幻灯片,打开【插入】选项卡,在【插图】组中单击【形状】按钮,在打开的【动作按钮】列表中单击【动作按钮:上一张】按钮，在幻灯片的右上角拖动鼠标绘制该图形,释放鼠标,系统自动打开【动作设置】对话框。

STEP 14　在【单击鼠标时的动作】选项区域中选中【超链接到】单选按钮,在【超链接到】下拉列表框中选择【幻灯片】选项,打开【超链接到幻灯片】对话框,在该对话框中选择【行程(上午)】选项,单击【确定】按钮,完成该动作的设置,如图 7-122 所示。

STEP 15　在幻灯片中选中[STEP13]绘制的图形,在【绘图工具】的【格式】选项卡,单击【形状样式】组中的【形状填充】按钮,在弹出的面板中选择【黑色,文字 1】选项,填充颜色,如图 7-123所示。

图 7-122　【超链接到幻灯片】对话框

紫竹林

紫竹林位于普陀山东南、梅檀岭下。山中岩石呈紫红色,剖视可见柏树叶、竹叶状花纹,因称紫竹石。后人也在此栽有紫竹。五代后梁贞明二年。日僧慧锷从五台山请得观音像,归国途中在此遇风受阻,在此建"不肯去观音院"于紫竹林中。观音院前有潮音洞。紫竹林旁有光明池,南有观音眺,对岸可见洛迦山岛。

图 7-123　填充颜色

STEP 16　使用同样的方法,在第 5 张幻灯片和第 6 张幻灯片右上角绘制动作按钮,并将它们链接到第 3 张幻灯片,如图 7-124 所示。

图 7-124　绘制动作按钮

7.9.2　设置和放映演示文稿

【例 7-19】 审阅"旅游行程"演示文稿,添加排练计时,并在放映过程中为重点内容做标记。 ⓥ视频+素材

STEP 01 启动 PowerPoint 2010 应用程序,打开"旅游行程"演示文稿。

STEP 02 在幻灯片预览窗口中选中第 1 张幻灯片缩略图,按 Shift 键的同时选中第 6 张幻灯片缩略图,选中所有的幻灯片。

STEP 03 打开【审阅】选项卡,在【中文简繁转换】组中单击【简转繁】按钮█简简转繁即可将所有幻灯片中的文本由简体中文转换为繁体中文,如图 7-125 所示。

STEP 04 选中第 1 张幻灯片缩略图,在【批注】组中单击【新建批注】按钮,在幻灯片左上角添加一个标签和批注框。此时即可在批注框中输入批注内容,如图 7-126 所示。

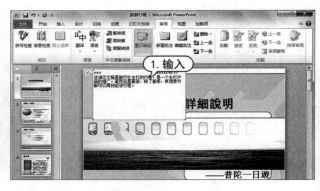

图 7-125　简转繁　　　　　　　　　　图 7-126　输入标注

STEP 05 打开【幻灯片放映】选项卡,在【设置】中单击【排练计时】按钮。此时演示文稿将自动切换到幻灯片放映状态。不断单击鼠标进行幻灯片的放映,此时【录制】对话框中的数据会不断更新,如图 7-127 所示。

STEP 06 当最后一张幻灯片放映完毕后,系统自动打开 Microsoft PowerPoint 对话框,该对话框显示幻灯片播放的总时间,并询问用户是否保留该排练时间,单击【是】按钮,如图 7-128 所示。

图 7-127　【录制】对话框　　　　　　　　图 7-128　单击【是】按钮

STEP 07 此时演示文稿将自动切换到幻灯片浏览视图,从幻灯片浏览视图中可以看到每张幻灯片下方均显示有各自的排练时间,如图 7-129 所示。

STEP 08 打开【幻灯片放映】选项卡,在【开始放映幻灯片】组中单击【从头开始】按钮放映演示文稿,此时无需单击鼠标,即可逐一放映排练后的动画效果。

STEP 09 当放映到第 2 张幻灯片时,右击任意处,从弹出的快捷菜单中选择【指针选项】|【笔】命令,在幻灯片放映界面中拖动鼠标标志旅行重点地段,如图 7-130 所示。

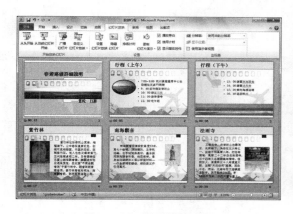

图 7-129　显示排练时间　　　　　　　　图 7-130　标志重点 1

STEP 10 使用同样的方法,在第 3 张幻灯片放映界面中标志重点,如图 7-131 所示。

STEP 11 当放映到第 4 张幻灯片时,右击任意处,从弹出的快捷菜单中选择【指针选项】|【荧光笔】命令,如图 7-132 所示。

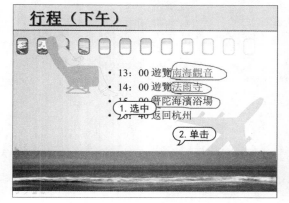

图 7-131　标志重点 2　　　　　　　　图 7-132　选择【荧光笔】命令

STEP 12 此时幻灯片放映界面中鼠标指针形状变成【荧光笔】样式,拖动荧光笔标志重点内容,如图7-133所示。

STEP 13 使用同样的方法,在其他幻灯片中使用荧光笔标志重点内容,如图7-134所示。

图7-133　标志重点3

图7-134　标志重点4

STEP 14 当幻灯片播放完毕后,单击鼠标左键退出放映状态,系统将自动打开信息提示框,询问用户是否保留放映时所做的墨迹注释,单击【保留】按钮,如图7-135所示。

STEP 15 系统自动打开幻灯片浏览视图,此时即可查看幻灯片中标志的注释线段和图形,如图7-136所示。

图7-135　单击【保留】按钮

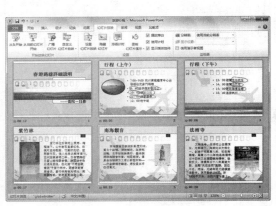

图7-136　查看效果

第 8 章

网络化电脑办公

在日常办公中,网络可以给用户带来很大的方便,如在局域网中可以共享资源,使用 Internet 可以下载办公资源,发送与接收电子邮件,与客户进行网上即时聊天等。本章将详细介绍电脑办公中网络化应用的内容。

对应的光盘视频

8.1 组建办公局域网络

办公局域网与日常生活中所使用的互联网极其相似，只是范围缩小到了办公室而已。把办公用的电脑连接成一个局域网，电脑间共享资源，可以极大提高办公效率。

8.1.1 连接局域网硬件

局域网，又称 LAN(Local Area Network)，是在一个局部的地理范围内，将多台电脑、外围设备互相连接起来组成的通信网络，其用途主要在于数据通信与资源共享。

办公局域网一般属于对等局域网，在对等局域网中，各台电脑有相同的功能，无主从之分，网上任意节点电脑都可以作为网络服务器，为其他电脑提供资源。

通常情况下，按通信介质将局域网分为有线局域网和无线局域网两种。

▽ 有线局域网：是指通过网络或其他线缆将多台电脑相连成局域网。有线网络在某些场合要受到布线的限制，布线、改线工程量大；线路容易损坏；网中的各节点不可移动。

▽ 无线局域网：是指采用无线传输媒体将多台电脑相连成的局域网。这里的无线传输媒体可以是无线电波、红外线或激光。无线局域网(Wireless LAN)技术可以非常便捷地以无线方式连接网络设备，用户之间可随时、随地、随意地访问网络资源，是现代数据通信系统发展的重要方向。无线局域网可以在不采用网络电缆线的情况下，提供网络互联功能。

有线局域网通常用双绞线和集线器、路由器等硬件设备将多台电脑连接起来。

1. 双绞线

双绞线(Twisted Wire，TP)是最常见的一种电缆传输介质，它使用一对或多对按规则缠绕在一起的绝缘铜芯电线来传输信号。在局域网中最为常见的是如图 8-1 所示的由 4 对 8 股不同颜色的铜线缠绕在一起的双绞线。

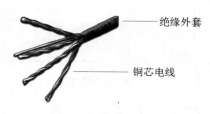

绝缘外套

铜芯电线

图 8-1 双绞线

双绞线的接法有以下两种标准。

▽ 568B 标准，即正线：橙白、橙、绿白、蓝、蓝白、绿、棕白、棕。

▽ 568A 标准，即反线：绿白、绿、橙白、蓝、蓝白、橙、棕白、棕。

根据网线两端连接设备的不同，双绞线的制作方法分为两种：直通线和交叉线。

▽ 直通线两端的线序：A 端从左到右依次为：橙白、橙、绿白、蓝、蓝白、绿、棕白、棕；B 端从左到右依次为：橙白、橙、绿白、蓝、蓝白、绿、棕白、棕，即直通线两端的线序是相同的，即都是采用 568B 标准。

▽ 交叉线两端的线序：A 端从左到右依次为：橙白、橙、绿白、蓝、蓝白、绿、棕白、棕；B 端从左到右依次为：绿白、绿、橙白、蓝、蓝白、橙、棕白、棕，即交叉线的一端采用 568B 标准，另一端采用 568A 标准。

2. 集线器和路由器

集线器的英文名称 Hub 是"中心"的意思，它是网络集中管理的最基本单元，如图 8-2 所示。

随着路由器价格的不断下降,越来越多的用户在组建局域网时会选择路由器,如图 8-3 所示。与集线器相比,路由器拥有更加强大的数据通道功能和控制功能。

图 8-2　集线器

图 8-3　路由器

将网线一端的水晶头插入电脑机箱后的网卡的接口中,将另一端的水晶头插入集线器或路由器的接口中,接通集线器或路由器即可完成局域网设备的连接操作,如图 8-4 所示。

使用相同的方法为其他电脑连接网线,连接成功后,双击桌面上的【网络】图标,打开【网络】窗口,即可查看连接后的多台电脑图标,如图 8-5 所示。

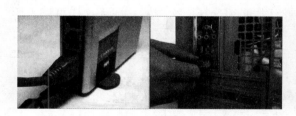

图 8-4　接通路由器

图 8-5　查看连接后的电脑图标

8.1.2　配置 IP 地址

IP 地址是电脑在网络中的身份识别码,只有为电脑配置了正确的 IP 地址,电脑才能够接入到网络。

【例 8-1】 在电脑中配置局域网的 IP 地址。 🔴 视频

STEP 01 单击任务栏右方的网络按钮🖳,在打开的面板中单击【打开网络和共享中心】链接,打开【网络和共享中心】窗口,单击【本地连接】链接,如图 8-6 所示。

STEP 02 打开【本地连接 状态】对话框,单击【属性】按钮,如图 8-7 所示。

STEP 03 打开【本地连接 属性】对话框,双击【Internet 协议版本 4(TCP/IPv4)】选项,如图 8-8 所示。

STEP 04 打开【Internet 协议版本 4(TCP/IPv4)属性】对话框,在【IP 地址】文本框中输入本机

图 8-6　单击【本地连接】链接

轻松学 电脑教程系列

的 IP 地址,按下 Tab 键会自动填写子网掩码,然后分别在【默认网关】、【首选 DNS 服务器】和【备用 DNS 服务器】中设置相应的地址。设置完成后,单击【确定】按钮,完成 IP 地址的设置,如图 8-9 所示。

图 8-7　单击【属性】按钮

图 8-8　双击协议版本

图 8-9　输入相关数据

8.1.3　配置网络位置

在 Windows 7 操作系统中第一次连接到网络时,必须选择网络位置。因为这样可以为所连接网络的类型自动进行适当的防火墙设置。当用户在不同的位置(例如,家庭、本地咖啡店或办公室)连接到网络时,选择一个合适的网络位置将会有助于用户始终确保将自己的电脑设置为适当的安全级别。

【例 8-2】 **在 Windows 7 中选择电脑所处的网络位置。** 视频

STEP 01 单击任务栏右方的网络按钮 ,在打开的面板中单击【打开网络和共享中心】链接,打开【网络和共享中心】窗口,单击【工作网络】链接,打开【设置网络位置】对话框,设置电脑所处的网络,这里选择【工作网络】选项,如图 8-10 所示。

STEP 02 打开对话框,显示说明现在正处于工作网络中,单击【关闭】按钮,完成网络位置设置,如图 8-11 所示。

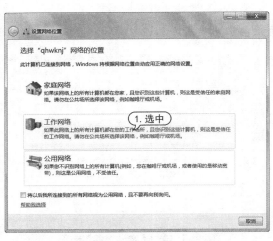

图 8-10　选择【工作网络】选项

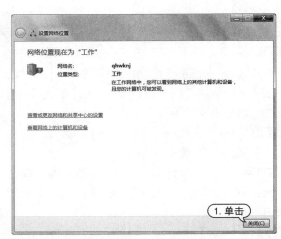

图 8-11　单击【关闭】按钮

8.1.4　测试网络连通性

配置完网络协议后，还需要使用 Ping 命令来测试网络连通性，查看电脑是否已经成功接入局域网当中。

【例 8-3】 在 Windows 7 中使用 Ping 命令测试网络的连通性。🎬视频

STEP 01 单击【开始】按钮，在搜索框中输入命令"cmd"，然后按下 Enter 键，打开命令测试窗口。

STEP 02 如果网络中有一台电脑(非本机)的 IP 地址是 192.168.1.50，可在该窗口中输入命令"ping 192.168.1.50"，然后按下 Enter 键，如果显示字节和时间等信息的测试结果，则说明网络已经正常连通，如图 8-12 所示。

STEP 03 如果未显示字节和时间等信息的测试结果，则说明网络未正常连通，如图 8-13 所示。

图 8-12　网络正常连通

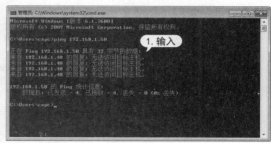

图 8-13　网络未正常连通

8.2　共享办公网络资源

当用户的电脑接入局域网后，就可以设置共享办公资源，目的是方便局域网中其他电脑的用户访问该共享资源。

8.2.1　设置共享资源

在局域网中，用户可将本地资源中的文件和文件夹设置为共享，从而方便其他用户访问和使用该共享文件或文件夹中的资源。

【例 8-4】 共享本地 C 盘中【我的资料】文件夹。🎬视频

STEP 01 双击桌面上的【计算机】图标，打开【计算机】窗口。双击【本地磁盘(C:)】图标，打开 C 盘窗口，如图 8-14 所示。

STEP 02 右击【我的资料】文件夹，选择【属性】命令，如图 8-15 所示。

STEP 03 打开【属性】对话框，切换至【共享】选项卡，然后单击【网络文件和文件夹共享】区域里的【共享】按钮，如图 8-16 所示。

STEP 04 打开【文件共享】对话框，在上方的下拉列表中选择 Everyone 选项，然后单击【添加】按钮，Everyone 即被添加到中间的列表中，如图 8-17 所示。

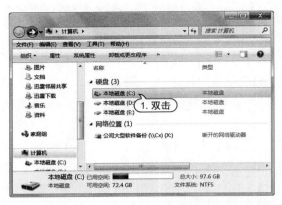

图 8-14　双击【本地磁盘(C:)】图标

图 8-15　选择【属性】命令

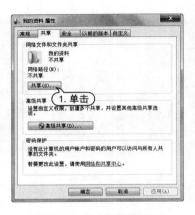

图 8-16　单击【共享】按钮

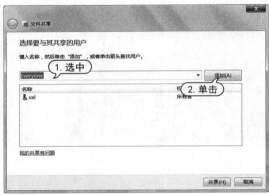

图 8-17　【文件共享】对话框

STEP 05　选中列表中刚刚添加的 Everyone 选项,然后单击【共享】按钮,系统即可开始共享设置,稍后即可打开【您的文件夹已共享】对话框,如图 8-18 所示。

STEP 06　单击【完成】按钮,完成共享操作,返回【属性】对话框,单击【关闭】按钮,完成设置,如图 8-19 所示。

图 8-18　单击【共享】按钮

图 8-19　单击【完成】按钮

8.2.2　访问共享资源

在 Windows 7 操作系统中,用户可以方便地访问局域网中其他电脑上共享的文件或文件夹,获取局域网内其他用户提供的各种资源。

【例 8-5】 访问局域网内名为"QHWK"的电脑,打开共享的文件夹并复制其中文档。📹视频

STEP 01 双击桌面上的【网络】图标,打开【网络】窗口。双击【QHWK】电脑图标,进入用户 QH-WK 的电脑,如图 8-20 所示。

STEP 02 双击【ShareDocs】文件夹,打开该文件夹,显示所有的文件和文件夹,如图 8-21 所示。

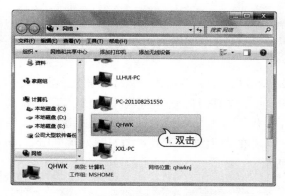

图 8-20　双击【QHWK】电脑图标

图 8-21　双击【ShareDocs】文件夹

STEP 03 双击【My Pictures】文件夹,打开该文件夹,显示所有的文件和文件夹,如图 8-22 所示。

STEP 04 右击【01】图片文档,在弹出的快捷菜单中选择【复制】命令。

STEP 05 双击桌面上【计算机】图标,打开【计算机】窗口,双击其中的 D 盘图标,打开 D 盘,在空白处右击鼠标,在弹出的快捷菜单里选择【粘贴】命令。即可将 QHWK 电脑里的共享文档复制到本地电脑中,如图 8-23 所示。

图 8-22　双击【My Pictures】文件夹

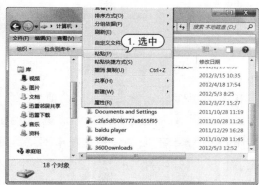

图 8-23　选择【粘贴】命令

8.3　在 Internet 上查找资源

Internet，中文译名为因特网，又叫做国际互联网。它是由那些使用公用语言互相通信的电脑连接而成的全球性网络。用户可以使用浏览器软件在 Internet 上浏览网页，并查找办公资源。对于查找到的有用资源，用户还可将其保存或下载下来，以方便日后使用。

8.3.1　使用浏览器

浏览器是指可以显示网页服务器或者文件系统的 HTML 文件内容，并让用户与这些文件交互的一种软件。网页浏览器主要通过 HTTP 协议与网页服务器交互并获取网页。

目前，办公人员最常用的浏览器有以下几种。

▽ IE 浏览器：IE 浏览器是微软公司 Windows 操作系统的一个组成部分。它是一款免费的浏览器，用户在电脑中安装了 Windows 系统后，就可以使用该浏览器浏览网页，如图 8-24 所示。

▽ 谷歌浏览器：Google Chrome，又称 Google 浏览器，是一款由 Google（谷歌）公司开发的开放原始码网页浏览器。该浏览器基于其他开放原始码软件所编写，包括 WebKit 和 Mozilla，目标是提升稳定性、速度和安全性，并创造出简单且有效率的使用者界面。目前，谷歌浏览器是世界上仅次于微软 IE 浏览器的网上浏览工具，用户可以通过 Internet 下载谷歌浏览器的安装文件，如图 8-25 所示。

图 8-24　IE 浏览器

图 8-25　谷歌浏览器

IE 浏览器的特点就是加入了选项卡的功能，通过选项卡可在一个浏览器中同时打开多个网页。下面用 IE 浏览器为例介绍浏览网页的操作步骤。

【例 8-6】 在 IE 中使用选项卡浏览网页。 视频

STEP 01 单击【开始】按钮，在弹出的菜单中选择【所有程序】|【Internet Explorer】命令，启动 IE 浏览器，然后在浏览器地址栏中输入网址："www.163.com"，然后按 Enter 键，打开网易的首页，如图 8-26 所示。

STEP 02 单击【新选项卡】按钮，打开一个新的选项卡，如图 8-27 所示。

图 8-26 输入网址 1

图 8-27 单击【新选项卡】按钮

STEP 03 接下来,在浏览器地址栏中输入网址:"www.sohu.com",然后按 Enter 键,打开搜狐网的首页,如图 8-28 所示。

STEP 04 右击某个超链接,然后在弹出的快捷菜单中选择【在新选项卡中打开】命令,即可在一个新的选项卡中打开该链接,如图 8-29 所示。

图 8-28 输入网址 2

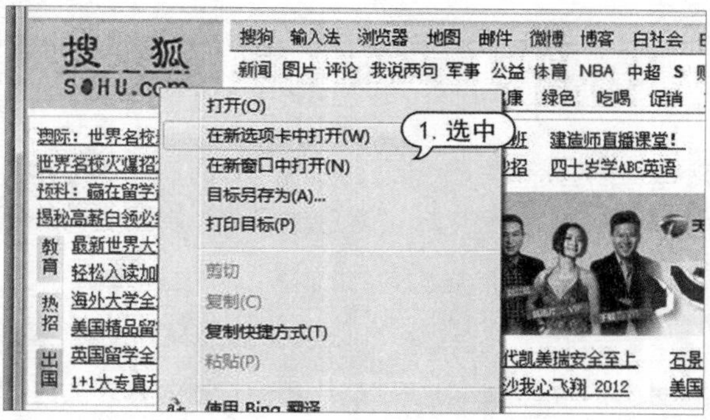

图 8-29 选择【在新选项卡中打开】命令

8.3.2 搜索网络资源

随着 Internet 的高速发展,网上的 Web 站点也越来越多。那么如何才能找到自己需要的信息呢?这就要使用到搜索引擎。

搜索引擎是一个能够对 Internet 中资源进行搜索整理,并提供给用户查询的网站系统,它可以在一个简单的网站页面中帮助用户实现对网页、网站、图像和音乐等众多资源的搜索和定位。目前 Internet 上搜索引擎众多,最常用的搜索引擎有以下几种。

▽ 百度:网址为 www.baidu.com。

▽ Google:网址为 www.google.com.hk。

▽ 雅虎:网址为 www.cn.yahoo.com。

▽ 搜狗:网址为 www.sogou.com。

使用各种搜索引擎搜索办公信息的方法基本相同,一般是输入关键字作为查找的依据,然

轻松学电脑教程系列

后单击【百度一下】或【搜索】按钮,即可进行查找。

【例 8-7】 使用百度搜索关于【智能手机】方面的网页。📹视频

STEP 01 启动 IE 浏览器,在地址栏中输入百度地址:"www.baidu.com",访问百度页面。在页面的文本框中输入要搜索网页的关键字,本例输入"智能手机",单击【百度一下】按钮,如图 8-30 所示。

STEP 02 百度会根据搜索关键字自动查找相关网页,查找完成后在新页面中以列表形式显示相关网页,如图 8-29 所示。

图 8-30 输入关键字　　　　　　　图 8-31 显示相关网页

STEP 03 在列表中单击一个超链接,即可打开对应的网页。例如单击【智能手机 百度百科】超链接,可以在浏览器中访问对应的网页,如图 8-32 所示。

图 8-32 访问网页

实用技巧

使用百度搜索时,若一个关键字无法准确描述要搜索的信息,则可以同时输入多个关键字,关键字之间以空格隔开。

 8.3.3 下载网络资源

网上具有丰富的资源,包括图像、音频、视频和软件等。用户可将自己需要的办公资源下载下来,存储到电脑中,从而实现资源的有效利用。

1. 使用浏览器下载

IE 浏览器提供了一个文件下载的功能。当用户单击网页中有下载功能的超链接时,IE 浏览器即可自动开始下载文件。

【例 8-8】 **使用 IE 浏览器,下载迅雷软件。** 视频

STEP 01 打开 IE 浏览器,在地址栏中输入网址:"http://dl.xunlei.com/xl7.9/intro.ht
ml",然后按 Enter 键,打开网页,单击【立即下载】按钮,如图 8-33 所示。

STEP 02 系统将自动打开下载提示对话框,在下载提示对话框中单击【保存】按钮即可开始下载文件资源,如图 8-34 所示。

图 8-33 单击【立即下载】按钮

图 8-34 单击【保存】按钮

STEP 03 完成下载后,将弹出一个对话框提示是否运行下载的文件,用户在该对话框中单击【运行】按钮即可运行迅雷软件的安装程序,如图 8-35 所示。

STEP 04 安装完迅雷软件,启动迅雷软件,显示迅雷软件的启动页面,如图 8-36 所示。

图 8-35 单击【运行】按钮

图 8-36 启动迅雷

2. 使用迅雷下载

迅雷是一款出色的网络资源下载工具,该软件使用多资源超线程技术,能够将网络上存在的服务器和电脑资源进行有效的整合,以最快的速度进行数据传递。

【例 8-9】 **使用迅雷下载聊天软件"腾讯 QQ"。** 视频

STEP 01 打开浏览器,在地址栏中输入网址:"http://im.qq.com/pcqq/",然后按 Enter 键,打开网页,右击【立即下载】,在弹出的快捷菜单中选择【使用迅雷下载】命令,如图 8-37 所示。

STEP 02 打开【新建任务】对话框,单击对话框右侧的按钮,打开【浏览文件夹】对话框,选择下载文件的保存位置,然后单击【确定】按钮如图 8-38 所示。

图 8-37　选择【使用迅雷下载】命令　　　　图 8-38　【浏览文件夹】对话框

STEP 03 返回【新建任务】对话框，单击【立即下载】按钮。迅雷开始下载文件，在主界面中可以查看与下载相关的信息与进度，如图 8-39 所示。

STEP 04 下载完成后，可以选中【迅雷】程序左侧的【任务管理】列表框中【已完成】选项，显示已经下载的项，如图 8-40 所示。

图 8-39　下载文件　　　　　　　　　图 8-40　查看【已完成】选项

8.4　网络办公交流

　　网络不仅扩大了人们的视野，同时也使电脑办公的交流和沟通更加方便快捷。使用电子邮件和 QQ 交流工具，可以便宜快捷地交流办公信息，对商务往来和社交活动起着相当重要的作用。

8.4.1　使用 QQ 工具交流

　　腾讯 QQ 是一款即时聊天软件，在网络化办公中，通过 QQ 可以即时的和联系人进行沟通、发送文件、发送图片以及进行语音和视频通话等，是目前使用最为广泛的聊天软件之一。

　　1. 申请 QQ 号码

　　要使用 QQ 与他人聊天，首先要有一个 QQ 号码，这是用户在网上与他人聊天时对个人身份的特别标识。用户可以在腾讯的官网进行申请注册。

　　首先打开 IE 浏览器，在地址栏中输入网址："http://zc.qq.com/chs/index.html"，然后按

Enter 键,打开 QQ 注册的首页,如图 8-41 所示。

　　输入昵称、密码、确认密码、验证码、手机号码等文本框中的内容,并单击【获取短信验证】码按钮,以获得手机短信验证码再输入文本框。然后再单击【提交注册】按钮,如图 8-42 所示。

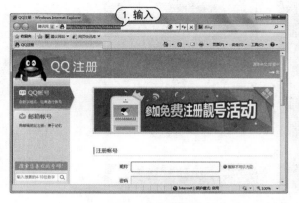

图 8-41　输入网址

图 8-42　输入注册信息

　　如果申请成功,将打开【申请成功】页面,显示申请到的新 QQ 号码,如图 8-43 示的页面中显示的号码 3099546296 就是刚刚申请成功的 QQ 号码。

　　2. 登录 QQ 账号

　　QQ 号码申请成功后,就可以使用该 QQ 号码了。在使用 QQ 前首先要登录 QQ。双击系统桌面上的 QQ 的启动图标,打开 QQ 的登录界面。在【账号】文本框中输入 QQ 号码,然后在【密码】文本框中输入申请 QQ 时设置的密码。输入完成后,按 Enter 键或单击【登录】按钮,如图 8-44 所示。此时即可开始登录 QQ,登录成功后将显示 QQ 的主界面。

图 8-43　申请号码

图 8-44　输入号码和密码

　　3. 设置个人资料

　　在申请 QQ 的过程中,用户已经填写了部分资料,为了能使好友更加了解自己,用户可在登录 QQ 后,对个人资料进行更加详细的设置。

　　QQ 登录成功后,在 QQ 的主界面中,单击其左上角的头像图标,打开一个界面,单击其中的【编辑资料】按钮,将展开可编辑个人资料的界面,如图 8-45 所示。

在个人资料界面的其他选项区域中,用户可根据提示设置自己的昵称、个性签名、生肖、血型等详细信息。完成设置后,单击【保存】按钮即可,如图 8-46 所示。

图 8-45　单击【编辑资料】按钮　　　　图 8-46　设置信息

4. 添加 QQ 好友

如果知道要添加好友的 QQ 号码,可使用精确查找的方法来查找并添加好友。

【例 8-10】　添加好友的 QQ 号码。●视频

STEP 01 当 QQ 登录成功后,单击其主界面下方的【查找】按钮,打开【查找】对话框,在【查找方式】选项区域选中【精确查找】单选按钮,在【账号】文本框中输入好友 QQ 账号,单击【查找】按钮,如图 8-47 所示。

STEP 02 系统即可查找出 QQ 上的相应好友,选中该用户,然后单击按钮 +好友,如图 8-48 所示。

图 8-47　根据账号查找　　　　图 8-48　单击 +好友 按钮

STEP 03 在【添加好友】对话框中要求用户输入验证信息。输入完成后,单击【下一步】按钮,如图 8-49 所示。

STEP 04 接着可以输入备注姓名和选择分组,这里默认保持原样,单击【下一步】按钮,如图 8-50 所示。

图 8-49　输入验证信息

图 8-50　单击【下一步】按钮

STEP 05 此时即可发出添加好友的申请，单击【完成】按钮等待对方验证，如图 8-51 所示。

STEP 06 对方同意验证后，即可成功地将其添加为自己的好友，自动弹出对话框进行聊天，如图 8-52 所示。

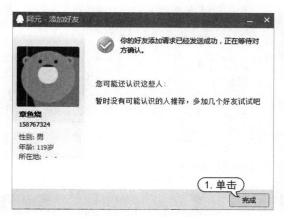

图 8-51　单击【完成】按钮

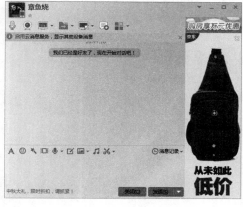

图 8-52　弹出对话框

5．开始 QQ 对话

QQ 中有了好友后，就可以与好友进行对话了。用户可在好友列表中双击对方的头像，打开聊天窗口，即可开始进行聊天。

在聊天窗口下方的文本区域中输入聊天的内容，然后按下 Ctrl ＋ Enter 键或者单击"发送"按钮，即可将消息发送给对方，如图 8-53 所示。

同时该消息以聊天记录的形式出现在聊天窗口上方的区域中，对方接到消息后，若对用户进行了回复，则回复的内容会出现在聊天窗口上方的区域中，如图 8-54 所示。

如果用户关闭了聊天窗口，则对方再次发来信息时，任务栏通知区域中的 QQ 图标会变成对方的头像并不断闪动，使用鼠标单击该头像即可打开聊天窗口并查看信息。

QQ 不仅支持文字聊天，还支持语音视频聊天，要与好友进行语音视频聊天，电脑必须要安装摄像头和耳麦，与电脑正确的连接后，就可以与好友进行语音和视频聊天了。

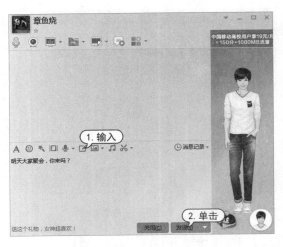

图 8-53　输入文字

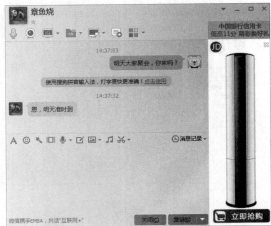

图 8-54　回复内容

用户登录 QQ,然后双击好友的头像,打开聊天窗口,单击上方的【开始语音通话】按钮或者【开始视频通话】按钮,给好友发送视频聊天的请求,等对方接受后,双方就可以进行视频聊天了,如图 8-55 所示。

图 8-55　开始语音或视频通话

8.4.2　使用电子邮件交流

电子邮件又叫 E-mail,是指通过网络发送的邮件,和传统的邮件相比,电子邮件具有方便、快捷和廉价的优点。在各种商务往来和社交活动中,电子邮件起着举足轻重的作用。

1. 申请电子邮箱

要发送电子邮件,首先要有电子邮箱。目前国内的很多网站都提供了各有特色的免费邮箱服务。它们的共同特点是免费,并能够提供一定容量的存储空间。对于不同的网站来说,申请免费电子邮箱的步骤却基本类似。

例如要申请一个 126 免费邮箱,首先打开浏览器,在地址栏中输入网址:"http://www.126.com/",然后按 Enter 键,进入 126 电子邮箱的首页。单击首页下方的【注册】按钮,如图 8-56 所示。

打开【用户注册】页面在【邮件地址】文本框中输入想要使用的用户名,网页会自动检测该名称是否可用。如果不可用,用户自行修改。在【密码】和【再次输入密码】文本框中输入邮箱的登录密码,在【验证码】文本框中输入验证码。完成以上操作后,单击【立即注册】按钮即可,如图 8-57 所示。

图 8-56　单击【注册】按钮

图 8-57　输入注册信息

2. 登录电子邮箱

要使用电子邮箱发送电子邮件，首先要登录电子邮箱。用户只需输入用户名和密码，然后按 Enter 键即可登录电子邮箱。

打开 IE 浏览器，在地址栏中输入网址：http://www.126.com/，然后按 Enter 键，进入 126 电子邮箱的首页。接下来，在【用户名】文本框中输入邮箱用户名，在【密码】文本框中输入邮箱的密码，然后按 Enter 键或单击【登录】按钮，如图 8-58 所示。

此时即可登录邮箱。进入邮箱首页后，单击页面左侧的【收件箱】标签即可显示邮箱中的邮件列表，如图 8-59 所示。

图 8-58　输入账号密码

图 8-59　单击【收件箱】标签

3. 发送电子邮件

登录电子邮箱后，就可以给其他人发送电子邮件了。单击邮箱主界面左侧的【写信】按钮，打开写信的页面，在【收件人】文本框中输入收件人的电子邮件地址，在【主题】文本框中输入邮件的主题，然后在邮件内容区域输入邮件的正文。单击【发送】按钮，即可发送电子邮件，如图

8-60 所示。

如果邮箱中的邮件过多,可将一些不重要的邮件删除,方法是在收件箱列表中,选中要删除的邮件左侧的复选框,然后单击【删除】按钮即可。使用此方法可一次删除多封邮件,如图8-61所示。

图 8-60　发送邮件

图 8-61　删除邮件

4. 阅读回复邮件

登录电子邮箱后,如果邮箱中有邮件,就可以阅读电子邮件了。如果想要给发信人回复邮件,直接单击【回复】按钮即可,如图 8-62 所示

打开回复邮件的页面,系统会自动在【收件人】和【主题】文本框中添加收件人的地址和邮件的主题。用户只需在写信区域输入要回复的内容,单击【发送】按钮即可回复邮件,如图 8-63 所示。

图 8-62　单击【回复】按钮

图 8-63　回复邮件

8.5　备份与还原数据

电脑中对用户最重要的就是硬盘中的办公数据了,电脑一旦感染上病毒,就很有可能造成硬盘数据的丢失,因此做好对硬盘数据的备份非常重要。

8.5.1　备份数据

Windows 7 系统给用户提供了一个很好的数据备份功能,使用该功能用户可将硬盘中的重要数据存储为一个备份文件。

【例 8-11】 使用 Windows 7 的数据备份功能。 视频

STEP 01 单击【开始】按钮,选择【控制面板】命令,打开【控制面板】窗口,单击【操作中心】图标,如图 8-64 所示。

STEP 02 打开【操作中心】窗口,单击窗口左下角的【备份和还原】链接,单击【设置备份】按钮,如图 8-65 所示。

图 8-64 单击【操作中心】图标

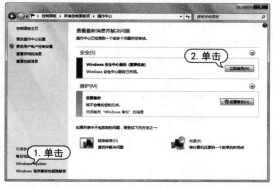

图 8-65 单击【设置备份】按钮

STEP 03 此时,Windows 7 开始启动备份程序。稍后打开【设置备份】对话框,在该对话框中选择备份文件存储的位置,这里选择【本地磁盘(D:)】,然后单击【下一步】按钮,如图 8-66 所示。

STEP 04 打开【您希望备份哪些内容】对话框,选中【让我选择】单选按钮,单击【下一步】按钮,如图 8-67 所示。

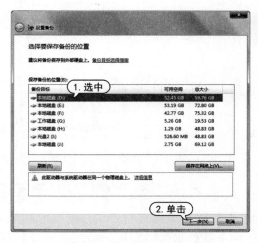

图 8-66 选择备份文件存储的位置

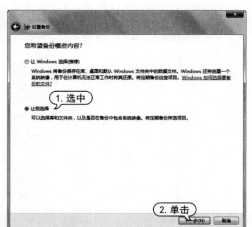

图 8-67 单击【下一步】按钮

STEP 05 在打开的对话框中选择要备份的内容,单击【下一步】按钮,如图 8-68 所示。

STEP 06 打开【查看备份设置】对话框,在该对话框中显示了备份的相关信息,单击【更改计划】链接,如图 8-69 所示。

Office 2010 电脑办公速成

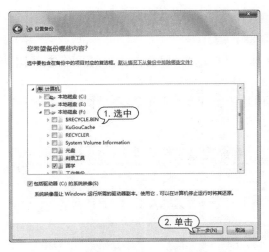

图 8-68　选择要备份的内容

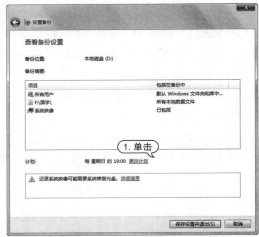

图 8-69　【更改计划】链接

STEP 07 打开【您希望多久备份一次】对话框，用户可设置备份文件的执行频率，设置完之后，单击【确定】按钮，如图 8-70 所示。

STEP 08 返回【查看备份设置】对话框，然后单击【保存设置并退出】按钮，系统开始对设定的数据进行备份，如图 8-71 所示。

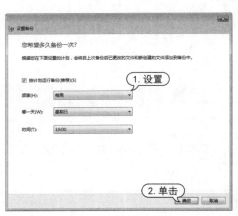

图 8-70　设置备份执行频率

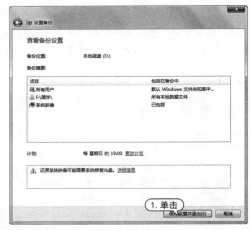

图 8-71　单击【保存设置并退出】按钮

8.5.2　还原数据

如果用户的硬盘数据被损坏或者被不小心删除，此时可以通过备份文件的还原功能或者是其他修复软件来找回损坏或丢失的文件。要使用系统提供的数据还原功能来还原数据，前提是要有数据的备份文件。

【例 8-12】 使用 Windows 7 的数据还原功能，还原已备份的数据。 📹视频

STEP 01 双击备份文件，打开【Windows 备份】对话框，如图 8-72 所示。

STEP 02 选择其中的【从此备份还原文件】选项，打开【浏览或搜索要还原的文件和文件夹的备份】对话框，如图 8-73 所示。

图 8-72　双击备份文件

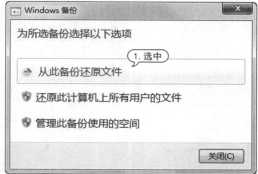

图 8-73　选择【从此备份还原文件】选项

STEP 03 单击【浏览文件夹】按钮,打开【浏览文件夹或驱动器的备份】对话框,如图 8-74 所示。

STEP 04 在该对话框中选择要还原的文件夹,然后单击【添加文件夹】按钮,返回【浏览或搜索要还原的文件和文件夹的备份】对话框,如图 8-75 所示。

图 8-74　单击【浏览文件夹】按钮

图 8-75　选择要还原的文件夹

STEP 05 单击【下一步】按钮,打开【您想在何处还原文件】对话框,选中【在以下位置】单选按钮,然后单击【浏览】按钮,如图 8-76 所示。

STEP 06 打开【浏览文件夹】对话框,在该对话框中选择 D 盘,单击【确定】按钮,如图 8-77 所示。

图 8-76　单击【浏览】按钮

图 8-77　【浏览文件夹】对话框

231

STEP 07 返回【您想在何处还原文件】对话框，单击【还原】按钮，开始还原文件，如图 8-78 所示。

STEP 08 还原完之后，打开【已还原文件】对话框，单击【关闭】按钮，完成还原操作。此时在 D 盘的【还原的文件夹】文件夹中即可看到已还原的文件，如图 8-79 所示。

图 8-78　单击【还原】按钮

图 8-79　查看已还原的文件

8.6　维护电脑系统

电脑在日常工作中和网络世界里，随时可能会产生危害系统的程序或病毒，而系统的稳定直接关系到电脑的操作。下面主要介绍电脑系统的维护和优化。

8.6.1　开启防火墙

Windows 防火墙能够有效地阻止来自 Internet 中的网络攻击和恶意程序，维护操作系统的安全。在 Windows XP 操作系统的基础上，Windows 7 防火墙有了更大的改进，它具备监控应用程序入栈和出栈规则的双向管理，同时配合 Windows 7 网络配置的文件，可以保护不同网络环境下的网络安全。

【例 8-13】 在 Windows 7 中开启防火墙。 视频

STEP 01 单击【开始】按钮，选择【控制面板】命令，打开【控制面板】窗口，如图 8-80 所示。

STEP 02 在窗口中单击【Windows 防火墙】图标，打开【Windows 防火墙】窗口，如图 8-81 所示。

图 8-80　选择【控制面板】命令　　图 8-81　单击【Windows 防火墙】图标

STEP 03 单击左侧列表中的【打开或关闭 Windows 防火墙】链接,打开【自定义设置】窗口,如图 8-82 所示。

STEP 04 分别选中【家庭或工作(专用)网络位置设置】和【公用网络位置设置】选项区域中的【启用 Windows 防火墙】单选按钮,然后单击【确定】按钮,完成设置,如图 8-83 所示。

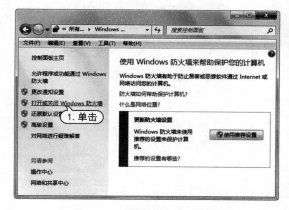

图 8-82 单击打开或关闭防火墙

图 8-83 选择启用防火墙

8.6.2 开启自动更新

任何操作系统都不可能做得尽善尽美,Windows 7 操作系统也一样。Microsoft 公司通过自动更新功能对日常发现的漏洞进行及时修复,以完善操作系统的缺陷,从而确保系统免受病毒的攻击。

【例 8-14】 在 Windows 7 中开启自动更新。 📹视频

STEP 01 单击【开始】按钮,选择【控制面板】命令,打开【控制面板】窗口,单击【Windows Update】图标,如图 8-84 所示。

STEP 02 打开【Windows Update】窗口,单击【更改设置】链接,如图 8-85 所示。

图 8-84 单击【Windows Update】图标

图 8-85 单击【更改设置】链接

STEP 03 打开【更改设置】窗口,在【重要更新】下拉列表中选择【自动安装更新(推荐)】选项。

轻松学电脑教程系列

选择完成后，单击【确定】按钮，完成自动更新的开启，如图 8-86 所示。

STEP 04 此时系统启动时会自动开始检查更新，并安装最新的更新文件，如图 8-87 所示。

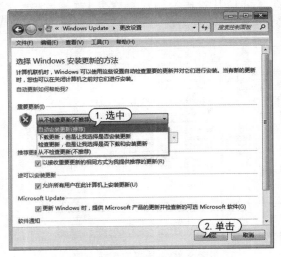

图 8-86　选择【自动安装更新】选项

图 8-87　开始检查并安装更新

 8.6.3　设置虚拟内存

系统在运行时会先将所需的指令和数据从外部存储器调入内存，CPU 再从内存中读取指令或数据进行运算，并将运算结果存储在内存中。在整个过程中内存主要起到一个中转和传递的作用。

当用户运行一个程序需要大量数据、占用大量内存时，物理内存就有可能会被"塞满"，此时系统会将那些暂时不用的数据放到硬盘中，而这些数据所占的空间就是虚拟内存。

Windows 操作系统是采用虚拟内存机制来扩充系统内存的，调整虚拟内存可以有效地提高大型程序的执行效率。

【例 8-15】 在 Windows 7 中设置虚拟内存。 视频

STEP 01 在桌面上右击【计算机】图标，选择【属性】命令，如图 8-88 所示。

STEP 02 打开【系统】窗口，单击左侧的【高级系统设置】链接，如图 8-89 所示。

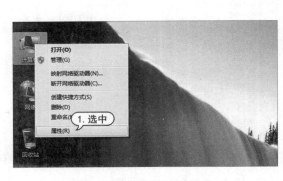

图 8-88　选择【属性】命令

图 8-89　单击【高级系统设置】链接

STEP 03 打开【系统属性】对话框,在【高级】选项卡的【性能】区域单击【设置】按钮,如图 8-90 所示。

STEP 04 打开【性能选项】对话框,切换至【高级】选项卡,在【虚拟内存】区域单击【更改】按钮,如图 8-91 所示。

图 8-90　单击【设置】按钮

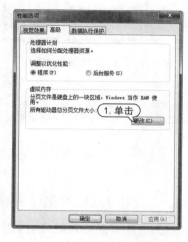

图 8-91　单击【更改】按钮

STEP 05 打开【虚拟内存】对话框,取消选中【自动管理所有驱动器的分页文件大小】复选框。在【驱动器】列表中选中 C 盘,然后选中【自定义大小】单选按钮,在【初始大小】文本框中输入"2000",在【最大值】文本框中输入"6000",然后单击【设置】按钮,如图 8-92 所示。

STEP 06 此时可看到已设置的分页文件大小,然后单击【确定】按钮,如图 8-93 所示。

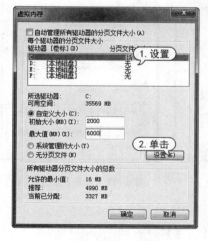

图 8-92　设置虚拟内存

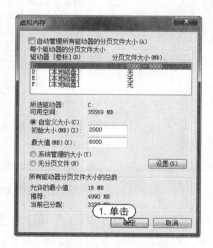

图 8-93　单击【确定】按钮 1

STEP 07 弹出对话框,提示用户需要重新启动电脑才能使设置生效,单击其中的【确定】按钮,如图 8-94 所示。

STEP 08 关闭所有的上级对话框后,在下图所示的提示对话框中单击【立即重新启动】按钮,重新启动电脑后即可使设置生效,如图 8-95 所示。

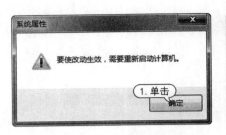

图 8-94　单击【确定】按钮 2

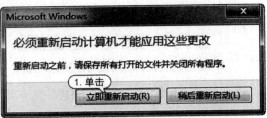

图 8-95　单击【立即重新启动】按钮

8.7　案例演练

本章的案例演练通过转移 IE 的临时文件夹等三个实例操作,使用户通过练习可以巩固本章所学知识。

8.7.1　转移 IE 临时文件夹

【例 8-16】 为了保证系统分区的空闲容量,修改 IE 临时文件夹的路径。🎬视频

STEP 01 打开 IE 浏览器,单击【工具】按钮,选择【Internet 选项】命令,打开【Internet 选项】对话框,如图 8-96 所示。

STEP 02 在【浏览历史记录】区域单击【设置】按钮,打开【Internet 临时文件和历史记录设置】对话框,如图 8-97 所示。

图 8-96　选择【Internet 选项】命令

图 8-97　单击【设置】按钮

STEP 03 单击【移动文件夹】按钮,打开【浏览文件夹】对话框,如图 8-98 所示。

STEP 04 在该对话框中选择【本地磁盘(E:)】,单击【确定】按钮,如图 8-99 所示。

STEP 05 返回至【Internet 临时文件和历史记录设置】对话框,可以看到 IE 临时文件夹的位置已更改,单击【确定】按钮,如图 8-100 所示。

STEP 06 打开【注销】对话框,提示用户要重启电脑才能使更改生效,直接单击【是】按钮,重新启动电脑后即可完成设置,如图 8-101 所示。

图 8-98　单击【移动文件夹】按钮　　　图 8-99　【浏览文件夹】对话框

图 8-100　单击【确定】按钮

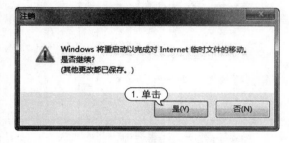

图 8-101　单击【是】按钮

 8.7.2　屏蔽网页不良信息

【例 8-17】 在 IE 浏览器中屏蔽网页中的不良信息。 视频

STEP 01 启动 IE 浏览器,单击【工具】按钮,选择【Internet 选项】命令,如图 8-102 所示。

STEP 02 将打开的【Internet 选项】对话框中切换至【内容】选项卡,然后单击【内容审查程序】区域的【启用】按钮,打开【内容审查程序】对话框,如图 8-103 所示。

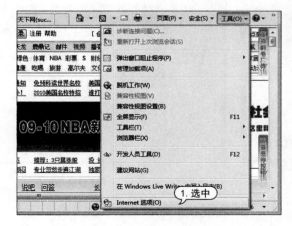

图 8-102　选择【Internet 选项】命令

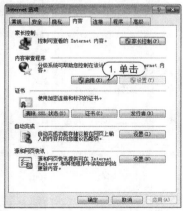

图 8-103　单击【启用】按钮

STEP 03 在【分级】选项卡中,用户可在类别列表中选择要设置的审查内容,然后拖动下方的滑块来设置内容审查的级别,如图 8-104 所示。

STEP 04 切换至【许可站点】选项卡,在该选项卡中可设置始终信任的站点和限制访问的站点。例如用户可在【允许该网站】文本框中输入网址 www.baidu.com,然后单击【始终】按钮,即可将该网站加入到始终信任的列表中;单击【从不】按钮,可将该网站加入到限制访问的列表中,如图 8-105 所示。

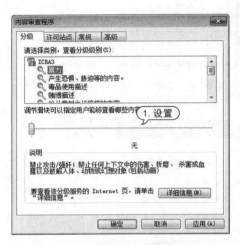

图 8-104　选择审查级别　　　　图 8-105　设置限制访问网站

8.7.3　备份和禁用注册表

【例 8-18】　备份和禁用 Windows 7 系统注册表。视频

STEP 01 单击【开始】按钮,选择【运行】命令,在【打开】文本框中输入"regedit",然后单击【确定】按钮,如图 8-106 所示。

STEP 02 打开注册表编辑器,选择【文件】|【导出】命令,如图 8-107 所示。

图 8-106　输入"regedit"　　　　图 8-107　选择【导出】命令

STEP 03 打开【导出注册表文件】对话框,在【导出注册表文件】对话框中指定注册表文件的备份路径和文件名后,在【导出范围】选项区域中选中【全部】单选按钮,单击【保存】按钮即可备份当前注册表信息,如图 8-108 所示。

STEP 04 备份完成后,在指定的文件夹中可以看到已经备份的文件,如图 8-109 所示。

图 8-108 【导出注册表文件】对话框

图 8-109 显示备份文件

STEP 05 当系统注册表出现问题时,可以使用注册表编辑器还原注册表。打开注册表编辑器,在注册表编辑器中选择【文件】|【导入】命令。打开【导入注册表文件】对话框,选择注册表备份文件,单击【打开】按钮即可还原系统注册表信息,如图 8-110 所示。

图 8-110 导入注册表备份文件

STEP 06 为了防止注册表被他人随意修改,用户可将注册表禁用。单击【开始】按钮,打开【开始】菜单,在搜索框中输入命令"gpedit.msc",然后按下 Enter 键,打开组策略窗口。在左侧的列表中依次展开【用户配置】|【管理模板】|【系统】选项。在右侧的列表中双击【阻止访问注册表编辑工具】选项,如图 8-111 所示。

STEP 07 打开【阻止访问注册表编辑工具属性】对话框,选中【已启用】单选按钮,然后在【是否禁用无提示运行 regedit?】下拉列表框中选择【是】选项,然后单击【确定】按钮,即可禁用注册表编辑器,如图 8-112 所示。

图 8-111　双击【阻止访问注册表编辑工具】选项

图 8-112　设置阻止访问注册表

STEP 08 此时,用户再次试图打开注册表时,系统将提示注册表已被禁用,如图 8-113 所示。

图 8-113　提示禁用注册表

实用技巧

如果用户想要重新启用注册表,只需在【阻止访问注册表编辑工具属性】对话框中选中【未配置】单选按钮即可。

第 9 章

Office 办公综合应用

在学习了前面章节所介绍的 **Office 2010** 系列组件知识后，本章将通过多个应用案例演示来串联各知识点，帮助用户加深与巩固所学知识，同时也为以后更加灵活地使用 **Office 2010** 来制作精美的办公文件打下坚实基础。

对应的光盘视频

例 9-1　制作广告宣传手册
例 9-2　制作课时安排表

例 9-3　制作宣传演示文稿

9.1 制作广告宣传手册 ▶▶

通过在 Word 2010 中制作广告宣传手册,巩固设置页面大小、设置页面主题与边框、制作标题文字、编辑正文文本、插入图片和文本框等内容。

【例 9-1】 在 Word 2010 中制作一个广告宣传手册。 视频+素材

STEP 01 启动 Word 2010 应用程序,新建一个名为"广告宣传手册"的文档。

STEP 02 打开【页面布局】选项卡,单击【页面设置】组中的对话框启动按钮,打开【页面设置】对话框,在【页边距】中的【上】和【下】微调框中均输入 2.7 厘米,在【左】和【右】微调框中均输入 3.2 厘米,如图 9-1 所示。

STEP 03 选择【版式】选项卡,在【页眉和页脚】选项区域中选中【奇偶页不同】和【首页不同】复选框,并将页眉和页脚与页面的距离设置为 2 厘米,单击【确定】按钮,完成页面大小的设置,如图 9-2 所示。

图 9-1 设置页边距

图 9-2 设置页眉页脚

STEP 04 打开【页面布局】选项卡,在【页面背景】组中单击【页面颜色】按钮,在下拉菜单中选择【填充效果】命令,如图 9-3 所示。

STEP 05 打开【填充效果】对话框,选择【图案】选项卡,在【图案】选项区域中选择第 1 种图案;在【前景】下拉列表框中选择紫色色块,单击【确定】按钮,如图 9-4 所示。

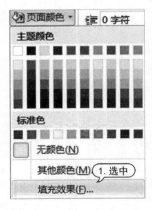
图 9-3 选择【填充效果】命令

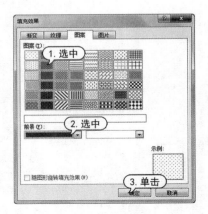
图 9-4 设置图案

轻松学电脑教程系列

STEP 06 打开【插入】选项卡,在【页眉和页脚】组中单击【页眉】按钮,在下拉菜单中选择【空白】选项,添加页眉并进入页眉和页脚编辑状态,如图 9-5 所示。

STEP 07 打开【开始】选项卡,在【段落】组中单击【边框和底纹】下拉按钮,在下拉菜单中选择【边框和底纹】命令,打开【边框和底纹】对话框,选择【边框】选项卡,在【设置】选项区域中选择【无】选项,然后单击【确定】按钮,如图 9-6 所示。

图 9-5　添加页眉

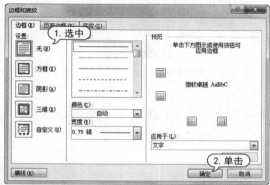

图 9-6　设置边框和底纹

STEP 08 此时页眉上的横线被取消,效果如图 9-7 所示。

STEP 09 选择【插入】选项卡,单击【图片】按钮,打开【插入图片】对话框,选择一张图片,然后单击【插入】按钮,如图 9-8 所示。

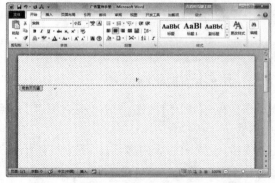

图 9-7　横线被取消

图 9-8　【插入图片】对话框 1

STEP 10 图片插入文档中。打开【图片工具】选项卡,在【大小】组中设置高度和宽度都为 8 厘米,如图 9-9 所示。

STEP 11 在【排列】组中单击【自动换行】按钮,在弹出的下拉菜单中选择【浮于文字上方】命令,如图 9-10 所示。

STEP 12 调整图片的位置,在【调整】组中单击【颜色】按钮,在下拉菜单中选择【冲蚀】选项,如图 9-11 所示。

STEP 13 单击【页眉和页脚】工具栏上的【关闭】按钮,退出页眉和页脚编辑状态,此时页面效果如图 9-12 所示。

轻松学电脑教程系列

图 9-9 设置图片高、宽

图 9-10 选择【浮于文字上方】命令

图 9-11 选择【冲蚀】选项

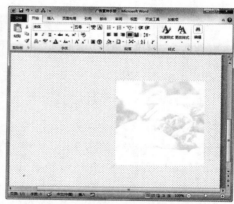

图 9-12 显示页面效果

STEP 14 将插入点定位在第 1 行,选择【插入】选项卡,单击【图片】按钮,打开【插入图片】对话框,选择一张图片,然后单击【插入】按钮,如图 9-13 所示。

STEP 15 选中图片,在【开始】工具栏中单击【居中】按钮,设置图片居中显示,如图 9-14 所示。

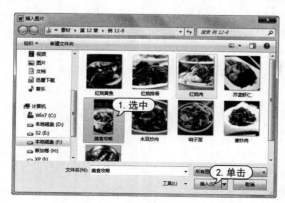

图 9-13 【插入图片】对话框 2

图 9-14 设置图片居中显示

轻松学 电脑教程系列

STEP 16 将插入点定位在所插入图片的下一行,选择【插入】选项卡,在【文本】组中单击【艺术字】按钮,在下拉菜单中选择一种样式,如图 9-15 所示。

STEP 17 在艺术字文本框中输入文本,调整文本框的位置,如图 9-16 所示。

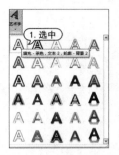

图 9-15　选择艺术字样式

图 9-16　输入文本 1

STEP 18 选中艺术字,选择【绘图工具 格式】选项卡,在【形状样式】组中单击【其他】下拉按钮,选择一种样式并应用,如图 9-17 所示。

图 9-17　改变形状样式

STEP 19 打开【开始】选项卡,在【段落】组中单击【边框和底纹】旁的下拉按钮,选择【边框和底纹】命令,打开【边框和底纹】对话框,选择【页面边框】选项卡,在【设置】选项区域中选择【方框】选项,在【艺术型】下拉列表框中选择一种艺术型,在【应用于】下拉列表框中选择【本节 - 仅首页】选项,然后单击【确定】按钮,如图 9-18 所示。

STEP 20 首页应用了边框,效果如图 9-19 所示。

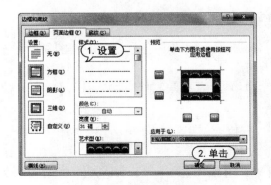

图 9-18　设置页面边框　　　　图 9-19　显示首页边框

STEP 21 将插入点定位在第 2 页,双击页眉部位,进入偶数页页眉和页脚编辑状态,使用 [STEP07]中的方法,删除偶数页页眉处的横线,如图 9-20 所示。

STEP 22 将光标定位在页眉区域,输入"美食攻略餐厅",设置字体为【华文新魏】,字号为【三号】,字形【加粗】,字体颜色为【绿色】,如图 9-21 所示。

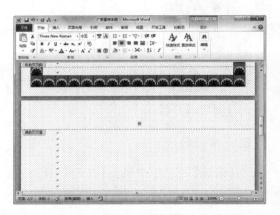

图 9-20 删除横线

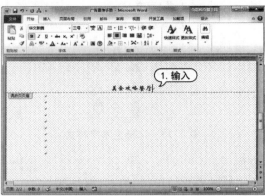

图 9-21 输入页眉文字

STEP 23 将光标定位在页眉文字开头,打开【插入】选项卡,在【符号】组中单击【符号】下拉按钮,选择【其他符号】命令,如图 9-22 所示。

STEP 24 打开【符号】对话框,选择一种符号,单击【插入】按钮,在页眉文字开头插入符号,如图 9-23 所示。

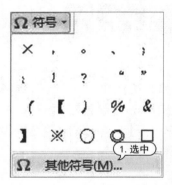

图 9-22 选择【其他符号】命令

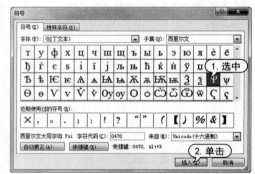

图 9-23 【符号】对话框

STEP 25 使用同样的方法,在页眉文字末尾插入另一种符号,然后单击【关闭】按钮,关闭【符号】对话框,页眉文本效果如图 9-24 所示。

STEP 26 打开【插入】选项卡,在【插图】组中单击【形状】下拉按钮,选择【直线】选项,在页眉文字下绘制一条直线,如图 9-25 所示。

STEP 27 打开【绘图工具 格式】选项卡,在【形状样式】组中单击【其他】下拉按钮,选择一种样式并应用,如图 9-26 所示。

STEP 28 将插入点移至偶数页的页脚中,在【插图】组中单击【形状】下拉按钮,选择【矩形】选项,在页脚位置左下角绘制 1 个矩形,如图 9-27 所示。

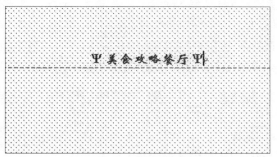

图 9-24　插入符号

图 9-25　选择【直线】选项

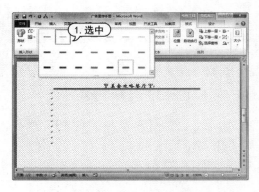

图 9-26　选择形状样式

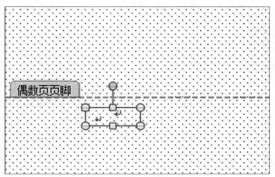

图 9-27　绘制矩形

STEP 29　右击矩形,在弹出的快捷菜单中选择【设置形状格式】命令,打开【设置形状格式】对话框,在【填充】选项卡中选中【纯色填充】单选按钮,单击【颜色】按钮,选择【浅蓝色】选项,如图9-28 所示。

STEP 30　在【线条颜色】选项卡中选中【实线】单选按钮,单击【颜色】按钮,选择【深蓝色】选项,然后单击【关闭】按钮,如图 9-29 所示。

图 9-28　设置填充颜色 1

图 9-29　设置线条颜色

STEP 31 偶数页的页眉、页脚制作完成后，使用同样的方法，设置第 3 页的页眉和页脚，即奇数页的页眉和页脚，如图 9-30 所示。

STEP 32 将插入点定位到偶数页页脚位置，在【插入】选项卡里单击【文本框】下拉按钮，选择【绘制文本框】命令，在矩形处绘制一个文本框，将插入点定位在文本框中，如图 9-31 所示。

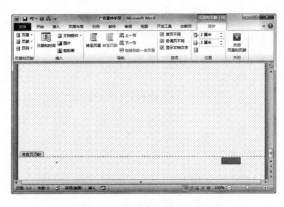

图 9-30　设置页眉页脚

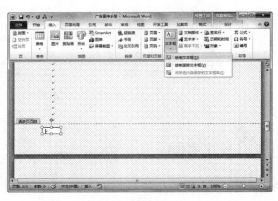

图 9-31　绘制文本框 1

STEP 33 在文本框中输入"2"，右击选择【设置形状格式】命令，打开【设置形状格式】文本框，设置文本框为【无填充】，此时矩形内显示页码数字，如图 9-32 所示。

STEP 34 使用相同方法在奇数页页脚处添加页码，效果如图 9-33 所示。

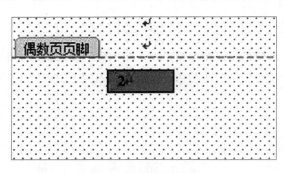

图 9-32　显示页码

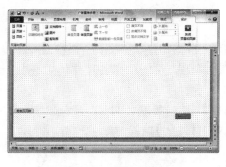

图 9-33　添加页码

STEP 35 在【页眉和页码 设计】选项卡中单击【关闭页眉和页脚】按钮，退出页眉和页脚编辑状态。

STEP 36 将插入点定位在第 2 页开头处，选择【插入】选项卡，在【文本】组中单击【艺术字】按钮，在下拉菜单中选择一种样式，如图 9-34 所示。

STEP 37 输入文本，设置字体为【汉仪中楷简】，字号为【一号】，如图 9-35 所示。

STEP 38 将插入点定位到下一行，输入文本，然后选中前两段文本，打开【字体】对话框，设置文本字体为【楷体】，字号为【三号】，字形为【加粗】，字体颜色为【紫色】，然后单击【确定】按钮，如图 9-36 所示。

STEP 39 选取其他文本，打开【字体】对话框，设置字体为【隶书】，字号为【五号】，字形【加粗】，字体颜色为【橙色】，然后单击【确定】按钮，如图 9-37 所示。

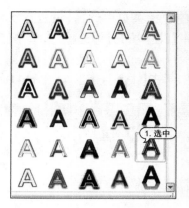

图 9-34　选择艺术字样式

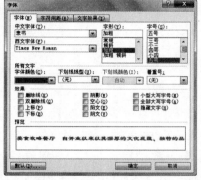

图 9-35　输入文本 2

图 9-36　设置文本 1

图 9-37　设置文本 2

STEP 40 在【开始】选项卡的【段落】组中单击对话框启动器按钮,打开【段落】对话框的【缩进和间距】选项卡,在【特殊格式】下拉列表框中选择【首行缩进】选项;在【度量值】微调框中输入"2字符",然后单击【确定】按钮,设置段落缩进,如图 9-38 所示。

STEP 41 打开【插入】选项卡,在【插图】组中单击【形状】下拉按钮,选择【心形】选项,在文字下绘制一个心形,如图 9-39 所示。

图 9-38　设置段落缩进

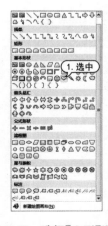

图 9-39　选择【心形】选项

STEP 42 使用鼠标调整心形大小和位置,右击,在弹出的快捷菜单中选择【设置形状格式】命令,打开【设置形状格式】对话框,在【填充】选项卡中选中【纯色填充】单选按钮,单击【颜色】按钮,选择【红色】选项,如图 9-40 所示。

STEP 43 在【线条颜色】选项卡中选中【无线条】单选按钮,单击【关闭】按钮,如图 9-41 所示。

图 9-40 设置填充颜色 2

图 9-41 设置无线条

STEP 44 打开【插入】选项卡,在【插图】组中单击【形状】下拉按钮,选择【圆角矩形】选项,在心形旁绘制一个圆角矩形,如图 9-42 所示。

STEP 45 使用鼠标调整圆角矩形大小和位置,右击,在弹出的快捷菜单中选择【设置形状格式】命令,打开【设置形状格式】对话框,选择【颜色】选项卡,在【填充】选项区域的【颜色】下拉列表中选择【其他颜色】命令,如图 9-43 所示。

图 9-42 选择【圆角矩形】选项

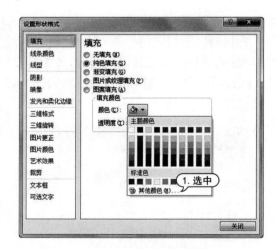
图 9-43 选择【其他颜色】命令

STEP 46 打开【颜色】对话框,选择一种淡蓝色色块,单击【确定】按钮,如图 9-44 所示。

STEP 47 返回【设置形状格式】对话框,选择【阴影】选项卡,设置阴影选项,然后单击【关闭】按钮,如图 9-45 所示。

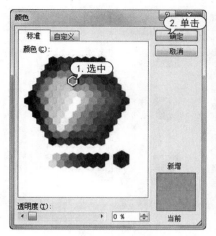

图 9-44　【颜色】对话框

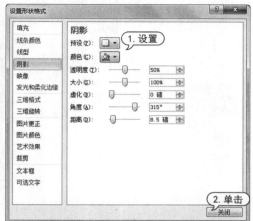

图 9-45　设置阴影选项

STEP 48 右击圆角矩形,从弹出的快捷菜单中选择【添加文字】命令,在其中添加文字,设置字体为【华文新魏】,字号为【五号】,如图 9-46 所示。

STEP 49 将插入点定位在第 3 页开始处,打开【插入】选项卡,单击【图片】按钮,打开【插入图片】对话框,在其中选择一幅图片,单击【插入】按钮,如图 9-47 所示。

图 9-46　添加文字

图 9-47　【插入图片】对话框 3

STEP 50 选中该图片,在【图片工具 格式】选项卡中单击【自动换行】按钮,在下拉菜单中选择【浮于文字上方】命令,使用鼠标调整图片的位置和大小,如图 9-48 所示。

STEP 51 使用同样的方法,插入其他图片,并设置图片浮于文字上方,如图 9-49 所示。

STEP 52 打开【插入】选项卡,单击【文本框】下拉按钮,选择【绘制文本框】命令,在文档中绘制一个文字区域,如图 9-50 所示。

STEP 53 输入文本内容,设置字体为【小四号】,字体颜色为【红色】,居中对齐,如图 9-51 所示。

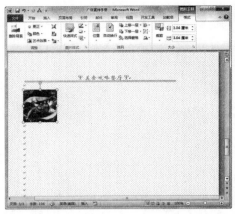

图 9-48　将图片浮于文字上方

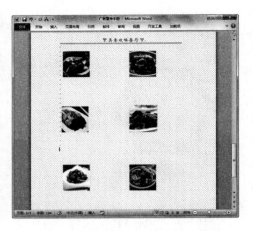

图 9-49　插入图片

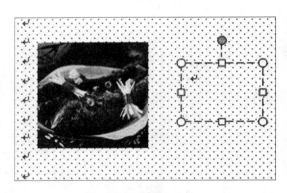

图 9-50　绘制文本框 2

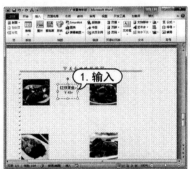

图 9-51　输入文本 3

STEP 54　右击文本框，在弹出的快捷菜单中选择【设置形状格式】命令，打开【设置形状格式】对话框，设置无填充、无线条，如图 9-50 所示。

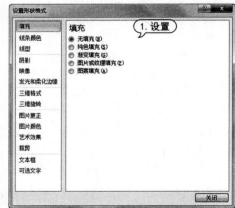

图 9-52　设置无线条和无填充

STEP ⑤⑤ 使用同样的方法，绘制其他文本框，输入文本并设置格式，如图 9-53 所示。

STEP ⑤⑥ 单击【文件】按钮，选择【打印】命令。预览 3 页文档内容，如图 9-54 所示。

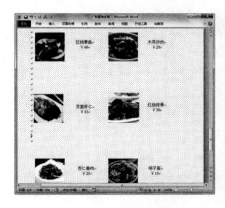

图 9-53　添加文本

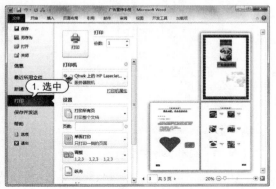

图 9-54　预览文档

9.2　制作课时安排表

使用 Excel 2010 制作课时安排表，巩固插入表格、输入表格文本、设置表格格式、插入图片等内容。

【例 9-2】 使用 Excel 2010 制作课时安排表。视频+素材

STEP ①① 启动 Excel 2010 应用程序，新建一个名为"课时安排"的工作簿。

STEP ①② 右击 Sheet1 工作表标签，从弹出的右键菜单中选择【重命名】命令，输入"课程日程安排"，按 Enter 键，完成重命名工作表操作，如图 9-55 所示。

STEP ①③ 依次选择 B2:F17 单元格区域中的单元格，分别输入文本，如图 9-56 所示。

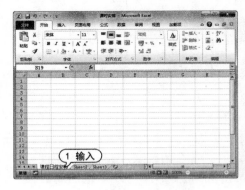

图 9-55　重命名工作表

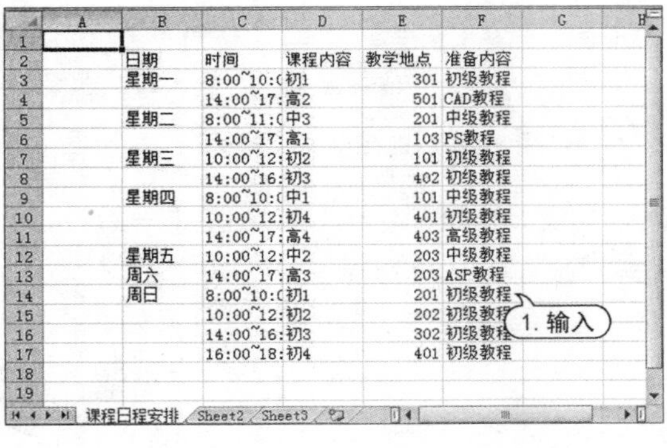

图 9-56　输入文本

STEP ①④ 选定 B2:F17 单元格区域，在【开始】选项卡的【单元格】组中单击【格式】按钮，从弹出的快捷菜单中选择【自动调整列宽】命令，系统自动调整表格的列宽，如图 9-57 所示。

STEP ①⑤ 将光标移动到第 1 行的行标下，待鼠标指针变为双向箭头时，向下拖动鼠标到合适的位置，释放鼠标，调节第 1 行行高，如图 9-58 所示。

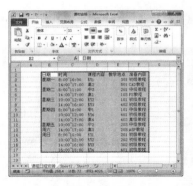

图 9-57　自动调整表格的列宽

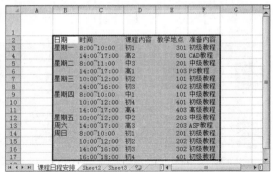

图 9-58　调整行高

STEP 06 打开【插入】选项卡,在【文本】组中单击【艺术字】按钮,从弹出的艺术字列表框中选择第 1 行第 5 列样式,插入该艺术字到工作表中,如图 9-59 所示。

STEP 07 修改艺术字文本,设置字体为【华文新魏】,字号为 32,并将其移动到第 1 行中的合适位置,如图 9-60 所示。

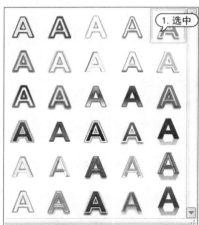

图 9-59　选择艺术字样式

图 9-60　修改艺术字文本

STEP 08 选定 B2:F17 单元格区域,在【开始】选项卡的【对齐方式】组中单击【居中】按钮▤,设置表格中的文本居中对齐显示。

STEP 09 选定 B2:F2 单元格区域,在【开始】选项卡的【样式】组中单击【单元格样式】按钮,在弹出的【主题单元格样式】选项区域中选择【60% - 强调文字颜色 5】样式,如图 9-61 所示。

STEP 10 选定 B2:F17 单元格区域,在【开始】选项卡的【数字】组中单击对话框启动器按钮,打开【设置单元格格式】对话框,打开【边框】选项卡,在【样式】选项区域中选择第 2 列第 6 种线型;单击【外边框】按钮,然后在【样式】选项区域中选择第 1 列第 3 种线型,单击【内部】按钮,单击【确定】按钮,如图 9-62 所示。

STEP 11 完成表格的边框设置,效果如图 9-63 所示。

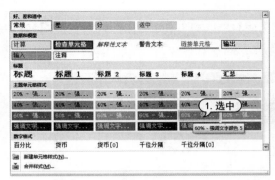

图 9-61　套用单元格样式

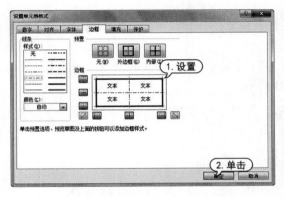

图 9-62　设置外边框

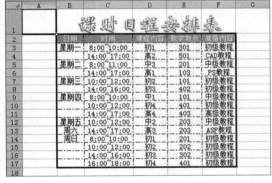

图 9-63　显示效果

STEP 12 打开【页面布局】选项卡,在【页面设置】组中单击【背景】按钮。

STEP 13 打开【工作表背景】对话框,选择背景图片,单击【插入】按钮,为工作表设置背景图片,如图 9-64 所示。

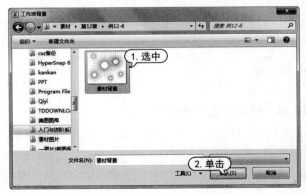

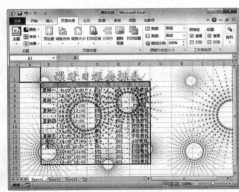

图 9-64　插入背景图片

STEP 14 在【页面布局】选项卡的【页面设置】组中单击对话框启动器按钮,打开【页面设置】对话框,打开【页边距】选项卡,在【居中方式】选项区域中选中【水平】和【垂直】复选框,单击【确定】按钮,如图 9-65 所示。

STEP 15 打开【页眉/页脚】选项卡,单击【自定义页眉】按钮,打开【页眉】对话框,在【左】和【中】文本框中输入文本,单击【确定】按钮,如图 9-66 所示。

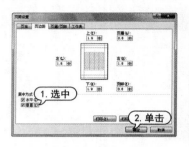

图 9-65　设置居中方式　　　　　图 9-66　【页眉】对话框

STEP 16 使用同样的方法,设置页脚文本,返回【页面设置】对话框,单击【确定】按钮,完成页面设置操作,如图 9-67 所示。

STEP 17 单击【文件】按钮,从弹出的菜单中选择【打印】命令,在最右侧的窗格中单击【显示边距】按钮，预览表格在页面中的效果,如图 9-68 所示。

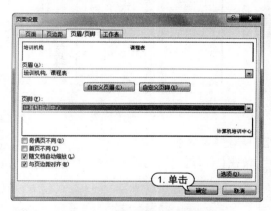

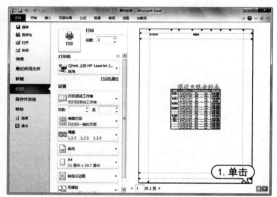

图 9-67　【页面设置】对话框　　　　图 9-68　单击【显示边距】按钮

9.3　制作宣传演示文稿

【例 9-3】 使用 PowerPoint 2010 制作公路隧道宣传演示文稿。

STEP 01 启动 PowerPoint 2010 应用程序,单击【文件】按钮,从弹出的【文件】菜单中选择【新建】命令,然后在中间的窗格中选择【主题】选项,如图 9-69 所示。

STEP 02 在【主题】列表框中选择【聚合】选项,在右侧的预览窗格选中预览模板效果,然后单击【创建】按钮,如图 9-70 所示。

STEP 03 新建一个基于【聚合】主题的演示文稿,在快速访问工具栏中单击【保存】按钮,打开【另存为】对话框。

轻松学 电脑教程系列

图 9-69　选择【主题】选项

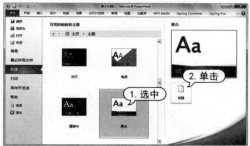

图 9-70　选择【聚合】选项

STEP 04 选择演示文稿的保存路径,在【文件名】文本框中输入"公路隧道宣传",单击【保存】按钮,快速保存创建的新演示文稿,如图 9-71 所示。

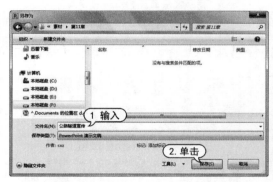

图 9-71　保存演示文稿

STEP 05 打开【设计】选项卡,在【页面设置】组中单击【页面设置】按钮,打开【页面设置】对话框,在【幻灯片大小】下拉列表中选择【全屏显示(16：9)】选项,保持其他默认选项,单击【确定】按钮,如图 9-72 所示。

STEP 06 此时演示文稿将以 16：9 宽屏纵横比显示。

STEP 07 在【单击此处添加标题】文本占位符中输入"世界公路隧道长度排名",设置文字字体颜色为【深蓝】;在【单击此处添加副标题】文本占位符中输入文字,设置文字字体为【华文行楷】,字形为【加粗】,字体颜色为【黑色】,如图 9-73 所示。

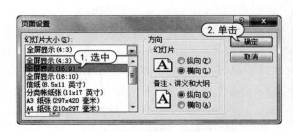

图 9-72　选择【全屏显示(16：9)】选项

图 9-73　输入文本 1

STEP 08 打开【插入】选项卡,在【图像】组中单击【图片】按钮,打开【插入图片】对话框,选择要插入的3张图片,单击【插入】按钮,如图9-74所示。

STEP 09 拖动鼠标调整图片和占位符的位置,使其更符合幻灯片页面效果,如图9-75所示。

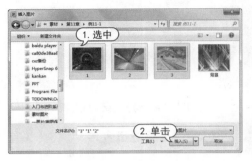

图 9-74 【插入图片】对话框1　　　　　　图 9-75 调整图片和占位符位置

STEP 10 同时选中3张图片,打开【图片工具】的【格式】选项卡,在【图片样式】组中单击【其他】按钮,从弹出的列表框中选择【简单框架,黑色】样式并应用,如图9-76所示。

图 9-76 选择图片样式

STEP 11 打开【开始】选项卡,在【幻灯片】组中单击【新建幻灯片】下拉按钮,从弹出的下拉列表中选择【比较】选项,新建一个基于该版式的幻灯片,如图9-77所示。

图 9-77 新建幻灯片

STEP 12 选中【单击此处添加文本】占位符,按 Delete 键,将其删除。

STEP 13 将蓝色文本占位符移动到幻灯片上方,在其中输入文字,设置"双洞"和"单洞"字形为

【加粗】、【倾斜】，设置"NO. 1～3"字体颜色为【红色】，如图 9-78 所示。

STEP 14 在【单击此处添加文本】占位符中输入文字，设置字体为【华文仿宋】，字号为 20，如图 9-79 所示。

图 9-78　输入文本 2　　　　　　　　图 9-79　输入文本 3

STEP 15 打开【插入】选项卡，在【图像】组中单击【剪贴画】按钮，打开【剪贴画】任务窗格。

STEP 16 在【搜索文字】文本框中输入"工程"，单击【搜索】按钮，搜索剪贴画，在搜索结果列表框中单击要插入的剪贴画，将其插入到幻灯片中，如图 9-80 所示。

STEP 17 在【插入】选项卡的【文本】组中单击【文本框】下拉按钮，从弹出的下拉菜单中选择【横排文本框】命令，在幻灯片中绘制一个横排文本框，输入文本，设置其字体为【华文琥珀】，字号为 20，字体颜色为【深蓝】，如图 9-81 所示。

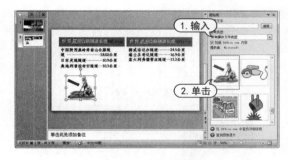

图 9-80　搜索剪贴画　　　　　　　　图 9-81　插入文本框

STEP 18 选中文本框，打开【绘图工具】的【格式】选项卡，在【形状样式】组中单击【其他】按钮，从弹出的列表框中选择一种样式，为文本框填充形状效果，如图 9-82 所示。

图 9-82　选择填充样式

STEP 19 新建一张【标题和内容】版式的幻灯片,在幻灯片的两个文本占位符中输入文字,设置标题文字字体为【华文行楷】,字形为【阴影】,字号为 54,字体颜色为【金色】;设置正文文字字体为【楷体】,拖动鼠标调节文本占位符的大小,如图 9-83 所示。

STEP 20 在幻灯片中插入一张蝴蝶剪贴画,调节其大小和位置,如图 9-84 所示。

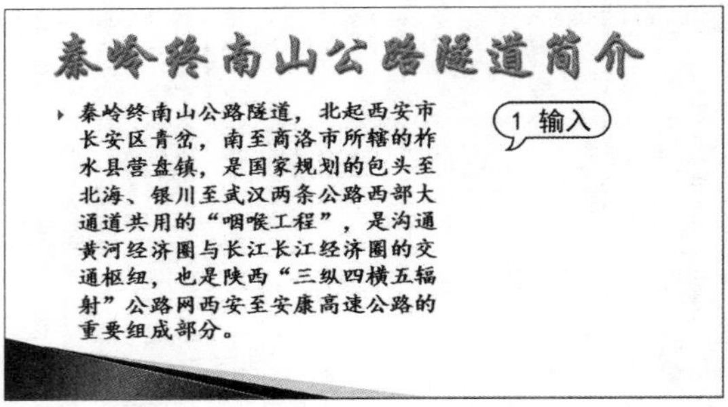

图 9-83　输入文本 4 　　　　　　　　图 9-84　插入剪贴画

STEP 21 在左侧的幻灯片预览窗格中选中第 3 张幻灯片的缩略图,按 Enter 键,新建一张幻灯片。

STEP 22 在幻灯片中输入标题文字,设置文字字体为【华文行楷】,字体颜色为【浅青绿,背景 2,深色 75%】,字形为【加粗】、【阴影】。

STEP 23 调节【添加此处添加文本】文本占位符大小,在其中输入文本,设置"隧道中的人性化理念:"的字体颜色为【蓝色】,字形为【加粗】、【阴影】,如图 9-85 所示。

STEP 24 在幻灯片中输入一个横排文本框,输入文本并设置文本框的形状样式,如图 9-86 所示。

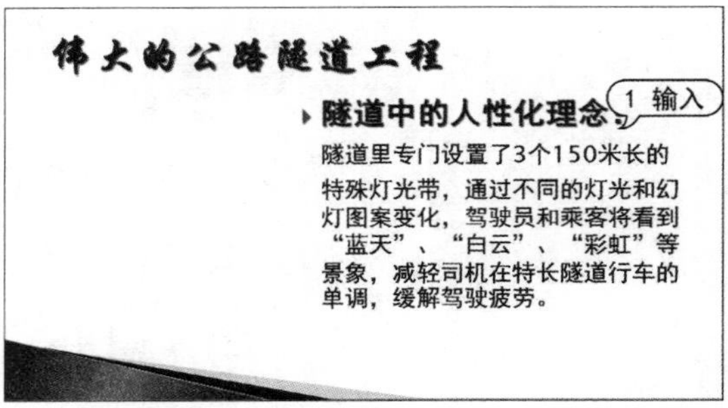

图 9-85　输入文本 5 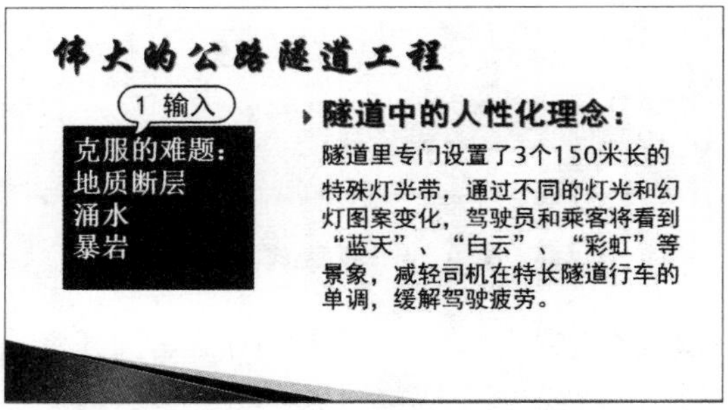　　　　　　　　图 9-86　输入文本 6

STEP 25 选中文本框中的后 3 行文字,在【开始】选项卡的【段落】组中单击【项目符号】按钮右侧的箭头,在弹出的菜单中选择【项目符号和编号】命令,打开【项目符号和编号】对话框,单击【颜色】下拉按钮,从弹出的颜色面板中选择一种橙色,在中间的列表框中选择一种打钩符号,单击【确定】按钮,如图 9-87 所示。

STEP 26 此时在文本框中显示添加的橙色打钩项目符号,如图 9-88 所示。

STEP 27 在【开始】选项卡的【幻灯片】选项组中单击【新建幻灯片】下拉按钮,从弹出的幻灯片样式列表中选择【内容和标题】选项,新建一张幻灯片。

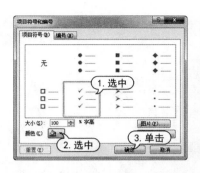

图 9-87　【项目符号和编号】对话框

图 9-88　显示项目符号

STEP 28 选中幻灯片中的所有占位符,按 Delete 键,将其删除,如图 9-89 所示。

STEP 29 打开【设计】选项卡,单击【背景】选项组的【背景样式】按钮,从弹出的菜单中选择【设置背景格式】命令,如图 9-90 所示。

图 9-89　删除占位符

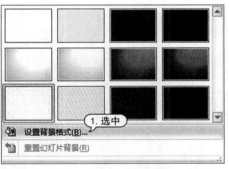

图 9-90　选择【设置背景格式】命令

STEP 30 打开【设置背景格式】对话框中的【填充】选项卡,单击【文件】按钮,如图 9-91 所示。

STEP 31 打开【插入图片】对话框,选择一张背景图片,单击【确定】按钮,如图 9-92 所示。

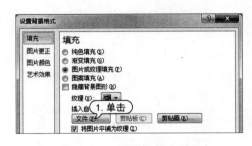

图 9-91　单击【文件】按钮

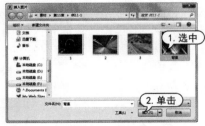

图 9-92　【插入图片】对话框 2

STEP 32 返回【设置背景格式】对话框,单击【关闭】按钮,此时演示文稿中显示幻灯片的背景效果如图 9-93 所示。

STEP 33 打开【插入】选项卡,在【文本】选项组中单击【艺术字】按钮,从弹出的艺术字列表框中选择第 5 行第 4 列的样式,将其插入到幻灯片中,如图 9-94 所示。

轻松学电脑教程系列

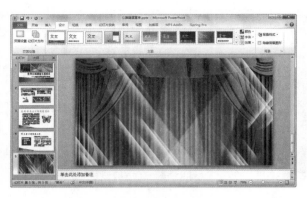

图 9-93　显示背景

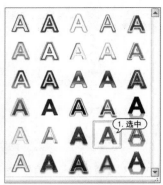

图 9-94　选择样式

STEP 34 在艺术字文本框中修改文本内容,并将其拖动到合适的位置,如图 9-95 所示。

STEP 35 在幻灯片预览窗格中选择第 3 张幻灯片缩略图,使其显示在幻灯片编辑窗口中。

STEP 36 选中幻灯片中的蝴蝶剪贴画,打开【动画】选项卡,在【高级动画】组中单击【添加动画】下拉按钮,在弹出的下拉菜单中选择【其他动作路径】命令,如图 9-96 所示。

图 9-95　拖动艺术字

图 9-96　选择【其他动作路径】命令

STEP 37 打开【添加动作路径】对话框,在【特殊】选项区域中选择【三角结】选项,单击【确定】按钮,如图 9-97 所示。

STEP 38 此时即可为图形对象添加【三角结】动作路径动画,如图 9-98 所示。

图 9-97　选择【三角结】选项

图 9-98　添加动作路径动画

STEP 39 在【动画】选项卡的【预览】组中单击【预览】按钮,此时幻灯片中显示蝴蝶图片的运动路径,供用户预览,如图 9-99 所示。

STEP 40 在幻灯片预览窗格中选择第 5 张幻灯片缩略图,将其显示在幻灯片编辑窗口中。

STEP 41 选中艺术字,打开【动画】选项卡,在【动画】选项组中单击【其他】按钮,从弹出的【进入】选项区域中选择【空翻】选项,即为对象设置了进入动画效果,如图 9-100 所示。

图 9-99 预览动画

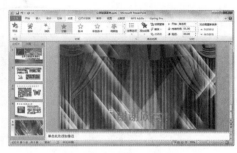

图 9-100 设置进入动画

STEP 42 在幻灯片预览窗格中选择第 1 张幻灯片缩略图,将其显示在幻灯片编辑窗格中。打开【切换】选项卡,在【切换到此幻灯片】组中单击【其他】按钮,在弹出的列表框中选择【揭开】选项,此时系统将自动播放该切换动画,如图 9-101 所示。

STEP 43 在【计时】组中的【声音】下拉列表中选择【推动】选项,单击【全部应用】按钮,将该幻灯片切换效果应用到其他 4 张幻灯片如图 9-102 所示。

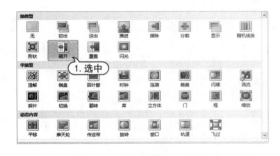

图 9-101 选择【揭开】选项

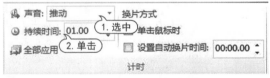

图 9-102 选择【推动】选项

STEP 44 按 F5 键,从头开始播放幻灯片,播放过程中,可单击鼠标左键切换幻灯片,如图 9-103 所示。

STEP 45 播放完毕后,单击鼠标左键,退出幻灯片放映模式。

图 9-103 播放幻灯片